信 息 素 养 文 库 · 高 等 学 校 信 息 技 术 系 列 课 程 规 划 教 材

Python
编程基础与数据分析

主　编　王　娟　华　东　罗建平
副主编　周梅红　万　程　张　炯
　　　　郁　芸　胡晓雯

南京大学出版社

内容提要

本书从Python基础知识开始，由浅入深，逐渐引入以Python为开发工具进行数据分析、图像处理、机器学习等模块，全书共10章，分为两大部分：基础篇和进阶篇。基础篇为第1章至第7章，主要介绍了Python的各种数据结构、控制结构、函数及异常处理；进阶篇为第8章至第10章，主要介绍了多种类型的文件数据处理、图形图像处理及人工智能之机器学习模块，并使用Scikit-learn库介绍了机器学习的一般流程及处理方法。

本书配套的相关教学资源可扫描书中二维码获取。

图书在版编目(CIP)数据

Python编程基础与数据分析 / 王娟，华东，罗建平主编. —南京：南京大学出版社，2019.8(2022.8重印)
(信息素养文库)
ISBN 978-7-305-22232-0

Ⅰ. ①P… Ⅱ. ①王… ②华… ③罗… Ⅲ. ①软件工具—程序设计 Ⅳ. ①TP311.561

中国版本图书馆CIP数据核字(2019)第096617号

出版发行 南京大学出版社
社　　址 南京市汉口路22号　　邮　编 210093
出 版 人 金鑫荣

书　　名 **Python编程基础与数据分析**
丛 书 名 信息素养文库
主　　编 王　娟　华　东　罗建平
责任编辑 王秉华　钱梦菊　　编辑热线 025-83592655

照　　排 南京开卷文化传媒有限公司
印　　刷 丹阳兴华印务有限公司
开　　本 787×1092　1/16　印张 13.75　字数 335千
版　　次 2019年8月第1版　2022年8月第4次印刷
ISBN 978-7-305-22232-0
定　　价 35.80元

网　　址：http://www.njupco.com
官方微博：http://weibo.com/njupco
官方微信号：njupress
销售咨询热线：(025)83594756

前 言

Python是一种面向对象的解释型编程语言,支持多平台并且开源;其语法简单,如通过缩进即可体现语句的层次结构;具有丰富且强大的标准库及第三方库,如擅长矩阵运算的科学计算库numpy、用于可视化展示的绘图库matplotlib、含有多种算法模型的机器学习库Scikit-learn、善于提取文章关键词的中文分词库jieba等等。

本书适合作为非计算机专业的计算机公共课程教材,也适合希望以Python为开发工具进行数据处理及机器学习的读者参考。

本书由浅入深,分为两大部分:基础篇和进阶篇,基础篇为第1章至第7章,主要介绍了Python的各种数据结构、控制结构、函数及异常处理;进阶篇为第8章至第10章,主要介绍了多种类型文件的数据处理方法、图形图像处理方法及人工智能之机器学习模块,并使用Scikit-learn库介绍了机器学习的一般流程及处理方法。

通过本书的学习,读者可以熟练掌握Python的语法结构,可以进行各类文件的数据处理,还可以学会如何借助Scikit-learn模块进行机器学习模型的训练与预测。

本书由王娟,华东,罗建平老师担任主编,负责全书的整体策划,王娟老师负责全书的统稿,参与本书编写的成员还有周梅红、万程、张炯、郁芸、胡晓雯等老师。本书每个知识点都配有丰富的示例加以说明,使读者对相应知识点理解更为透彻。尤其从控制结构章节开始,列举了众多实例,并对其算法进行详细分析,对其代码进行详细阐释。书中涵盖的所有程序源码,均可扫描书中二维码获取。

编 者

2019年6月

目　录

基础篇

第1章　绪　论 ························ 003

1.1　计算机编程语言···················· 003

1.1.1　程序开发过程·················· 004

1.1.2　一个简单示例·················· 004

1.2　Python 发展历史 ·················· 005

1.3　Python 语言特性与编程库 ··· 005

1.3.1　Python 语言特性 ········· 005

1.3.2　Python 常用编程库 ······ 006

1.4　Python 安装方法 ················ 006

1.5　集成开发环境······················ 007

本章小结 ································ 008

习　题 ··································· 008

第2章　基本数据类型及运算符 ································ 009

2.1　数据类型···························· 009

2.1.1　数值类型······················ 009

2.1.2　逻辑类型······················ 010

2.1.3　其他类型······················ 011

2.2　运算符······························ 011

2.2.1　算术运算符··················· 011

2.2.2　赋值运算符··················· 013

2.2.3　比较(关系)运算符········· 014

2.2.4　位运算符······················ 015

2.2.5　逻辑运算符··················· 017

2.3　输入输出语句······················ 018

2.3.1　print 函数 ··················· 018

2.3.2　input 函数 ·················· 019

2.4　常用内置函数······················ 020

2.4.1　数学函数······················ 020

2.4.2　转换函数······················ 021

2.4.3　相关操作函数················· 024

2.5　相关标准库························· 025

2.5.1　math 模块 ·················· 025

2.5.2　random 模块 ··············· 028

本章小结 ································ 029

习　题 ··································· 030

第3章　序列 ························· 031

3.1　概述·································· 031

3.2　序列的操作························· 031

3.2.1　序列的创建··················· 031

3.2.2　获取长度······················ 032

3.2.3　索引与切片··················· 032

3.2.4　关系操作······················ 033

3.2.5　连接操作······················ 034

3.2.6　重复操作······················ 035

3.2.7　常用函数及方法············· 035

3.3　字符串······························ 040

3.3.1　基本操作······················ 040

3.3.2　常用函数及方法············· 041

3.3.3　格式化操作··················· 045

3.4　列表·································· 047

3.4.1　基本操作······················ 047

3.4.2　常用函数及方法············· 047

3.5　元组·································· 050

3.6　相关标准库 string 模块 ······ 052

本章小结 ································ 054

习　题 ··································· 055

第4章　字典与集合 ………………… 056
4.1　概述………………………………… 056
4.2　字典………………………………… 057
4.2.1　字典的创建…………………… 057
4.2.2　字典的访问…………………… 058
4.2.3　字典的添加…………………… 059
4.2.4　字典的修改…………………… 059
4.2.5　字典的删除…………………… 059
4.2.6　常用内建方法………………… 060
4.2.7　字典应用举例………………… 064
4.3　集合………………………………… 066
4.3.1　集合的创建…………………… 066
4.3.2　集合运算及常用内置方法函数…………………………………… 067
本章小结 ……………………………… 069
习　题 ………………………………… 070
第5章　控制结构 ………………… 071
5.1　概述………………………………… 071
5.2　选择结构…………………………… 072
5.2.1　if 条件语句 ………………… 072
5.2.2　条件表达式…………………… 075
5.3　循环结构…………………………… 075
5.3.1　for 循环 …………………… 075
5.3.2　while 循环 ………………… 078
5.4　其他循环控制语句………………… 080
5.4.1　break 语句 ………………… 080
5.4.2　continue 语句 ……………… 080
5.4.3　pass 语句 …………………… 081
5.5　算法实例…………………………… 081
本章小结 ……………………………… 090
习　题 ………………………………… 090
第6章　错误与异常 ……………… 093
6.1　错误类型…………………………… 093
6.2　常见异常…………………………… 094
6.2.1　语法错误……………………… 094
6.2.2　运行时错误…………………… 094
6.2.3　逻辑错误……………………… 095
6.3　异常处理语句……………………… 095
本章小结 ……………………………… 097
习　题 ………………………………… 097
第7章　函数 ……………………… 098
7.1　概述………………………………… 098
7.2　函数的定义及调用………………… 098
7.2.1　函数定义及调用的一般形式…………………………………… 099
7.2.2　特殊函数定义形式…………… 100
7.3　函数的调用过程…………………… 104
7.3.1　函数的调用流程……………… 104
7.3.2　实参与形参的传递…………… 105
7.4　匿名函数…………………………… 108
7.5　变量的作用域……………………… 109
7.5.1　局部变量……………………… 109
7.5.2　全局变量……………………… 110
7.5.3　同名变量……………………… 111
7.6　递归………………………………… 112
7.7　函数示例…………………………… 116
本章小结 ……………………………… 121
习　题 ………………………………… 121

进阶篇

第8章　文件处理 ………………… 125
8.1　文件的打开与关闭………………… 125
8.1.1　文件的打开…………………… 125
8.1.2　文件的关闭…………………… 128
8.2　文件的读写………………………… 128
8.2.1　文件的读取操作……………… 129
8.2.2　文件的写操作………………… 132
8.2.3　文件的定位操作……………… 133
8.3　相关标准库………………………… 134
8.3.1　os 模块 ……………………… 134
8.3.2　json 模块…………………… 136
8.4　经典三方库 jieba 模块 ………… 139

8.4.1 jieba 常用分词 ………… 139
8.4.2 jieba 分词干涉 ………… 140
8.4.3 词性标注 posseg ……… 141
8.4.4 关键词提取 analyse …… 142
8.5 案例 1 英文文本分析 ……… 143
8.6 案例 2 中文文本分析 ……… 145
8.7 案例 3 json 数据分析 ……… 146
8.8 案例 4 问卷调查与统计分析 …………………………………… 148
8.8.1 问卷结构调整…………… 148
8.8.2 问卷调查交互…………… 151
8.8.3 问卷结果统计…………… 156
本章小结 …………………………… 158
习 题 ……………………………… 158
第 9 章 图形图像处理……………… 159
9.1 概述………………………………… 159
9.2 相关标准库 turtle 模块……… 159
9.2.1 画布设置………………… 159
9.2.2 画笔设置………………… 160
9.2.3 图形绘制………………… 160
9.3 经典三方库…………………… 162
9.3.1 PIL 与 Pillow 模块 …… 162
9.3.2 numpy 模块 …………… 168
9.3.3 matplotlib 模块 ……… 171
9.4 案例 1 用 Python 生成验证码图片……………………………… 179
9.5 案例 2 MRI 图像的显示与分析 ………………………………… 180
本章小结 …………………………… 182
习 题 ……………………………… 183
第 10 章 人工智能初探 ………… 185
10.1 概述 …………………………… 185
10.2 sklearn 简介 ………………… 185
10.2.1 机器学习的一般流程 … 186
10.2.2 sklearn 数据集 ……… 186
10.3 数据预处理 ………………… 195
10.3.1 缺失填补 ……………… 195
10.3.2 归一化及标准化 ……… 196
10.3.3 one-hot 编码及二值化处理 ……………………… 198
10.4 模型的选择及训练 ………… 201
10.4.1 回归 regression ……… 202
10.4.2 分类 classification …… 203
10.5 模型评估 …………………… 204
10.5.1 训练集与测试集划分 … 204
10.5.2 模型评估 ……………… 204
10.6 模型保存及使用 …………… 207
10.6.1 pickle 方式 …………… 207
10.6.2 joblib 方式 …………… 208
本章小结 …………………………… 209
习 题 ……………………………… 209
参考文献 ………………………… 211

表目录

表 2.1　算术运算符 …… 011
表 2.2　赋值运算符 …… 013
表 2.3　比较运算符 …… 014
表 2.4　位运算符 …… 016
表 2.5　逻辑运算符 …… 017
表 2.6　数学函数 …… 020
表 2.7　转换函数 …… 022
表 2.8　常用操作函数 …… 024
表 3.1　转义字符 …… 040
表 3.2　格式说明符 …… 045
表 4.1　Python 集合运算符与数学中集合运算符对照表 …… 057
表 5.1　十六进制数字的十进制数值对应表 …… 082
表 8.1　文件打开模式 …… 126
表 9.1　Artist 对象共有属性 …… 173
表 9.2　Figure 对象属性 …… 173
表 9.3　Axes 对象属性 …… 174
表 10.1　sklearn.datasets 在线下载的数据集 …… 191

基础篇

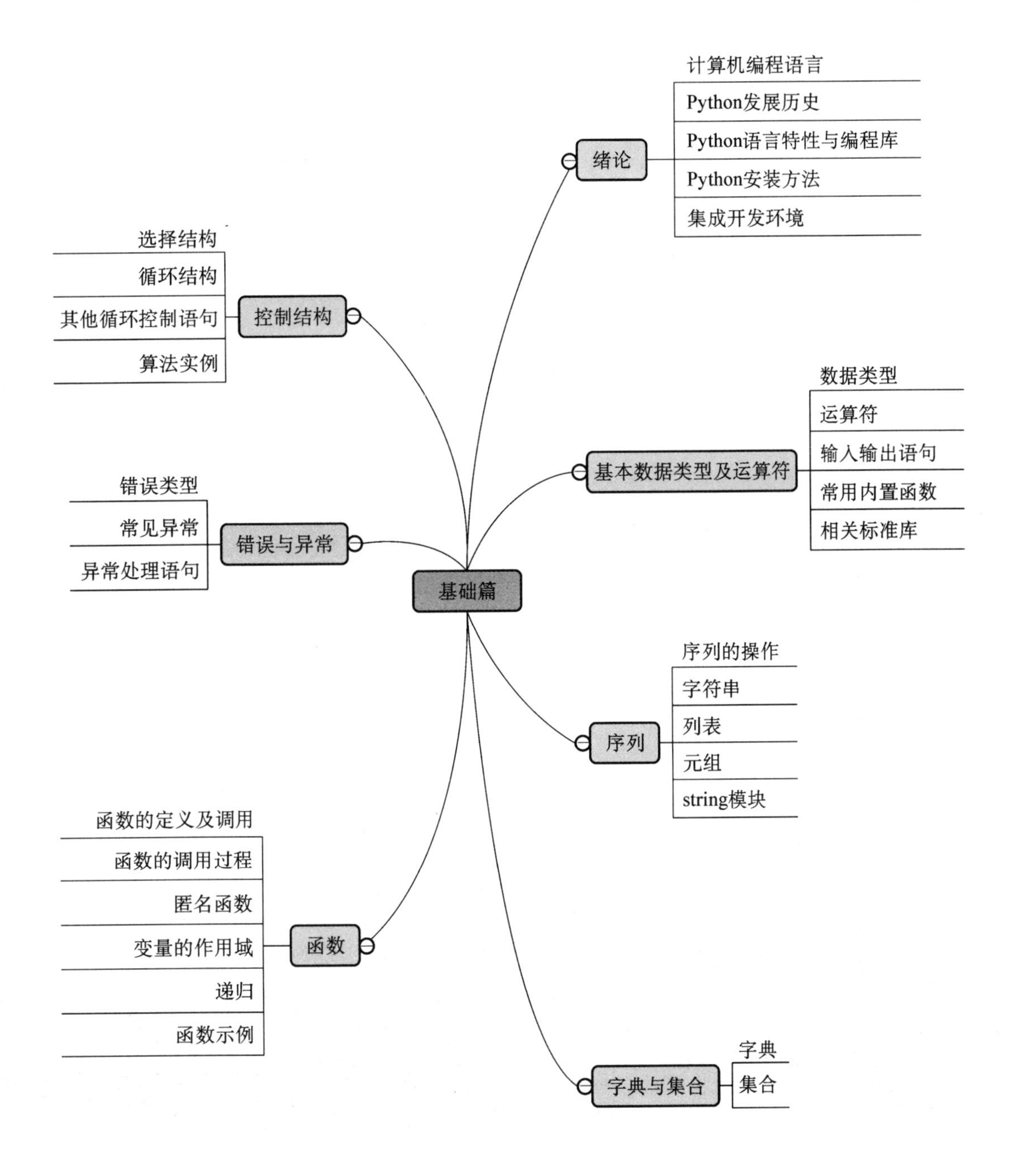

基础篇
绪论
计算机编程语言
Python发展历史
Python语言特性与编程库
Python安装方法
集成开发环境
控制结构
选择结构
循环结构
其他循环控制语句
算法实例
基本数据类型及运算符
数据类型
运算符
输入输出语句
常用内置函数
相关标准库
错误与异常
错误类型
常见异常
异常处理语句
序列
序列的操作
字符串
列表
元组
string模块
函数
函数的定义及调用
函数的调用过程
匿名函数
变量的作用域
递归
函数示例
字典与集合
字典
集合

第1章 绪　论

人工智能(Artificial Intelligence)的浪潮将推动新一代工业革命的进程，伴随着算法与算力的飞速发展，人工智能将如同云计算一样成为信息基础设施，也必将促进包括医学在内的各行各业的智能应用的蓬勃发展。开源动态脚本语言 Python 非常适合数据分析与处理，作为 AI 时代第一开发语言的位置已基本确立。

开源运动的领袖人物 Eric Raymond 认为："Python 语言非常干净，设计优雅，具有出色的模块化特性。其最出色的地方在于，它鼓励清晰易读的代码，特别适合以渐进开发的方式构造项目"。

Python 是一种解释型、交互式、面向对象的语言，具有强大的第三方库，合理结合了高性能与编程简单有趣的特色，非常适合初学者使用。Python 像脚本语言一样的可读性使得即使是刚学不久的人也能看懂大部分代码，对于 Python 的程序，人们甚至有时会戏称其为"可执行的伪代码(executable pseudo-code)"以突显它的清晰性和可读性。Python 还具备面向对象编程语言的强大功能。

1.1 计算机编程语言

计算机具备实现重复性、固定程式的大量计算能力，实际生活中使用计算机处理一个具体问题，就是去发现问题、创造性地思考解决方案以及清晰准确地表达解决方案的过程。这个过程最终需要有一个解决该问题的程序，一般包括两个部分：如何从一个解决问题的需求出发，逐步开发出一个计算过程使其自动执行；如何选择使用一种编程语言优雅地写出解决问题的程序，实现问题的计算过程。

编程语言是人与计算机交流的工具，是人们为了表达计算过程而设计出来的形式语言，经过编译器翻译成计算机可识别的机器指令，因此编程语言既要反映思维的易于使用的特点，也要反映计算机的高效计算的特点。

编程语言包括机器语言、汇编语言、高级语言。机器语言规定了计算机的特定动作，计算机制造时支持 CPU、内存与外设 IO 等操作的机器语言；为了解决使用机器语言编写应用程序所带来的不容易记忆等一系列问题，发明了用助记符号来表示计算机指令的语言，也就是汇编语言；相对简单、直观、易理解、不容易出错的高级编程语言是一类接近于人类自然语言与数学语言的程序设计语言统称，按照设计方式不同，分为面向过程和面向对象的语言，比如 C、C++、Java、Python、Julia 等。

1.1.1 程序开发过程

程序开发就是针对具体问题，设计编写可以解决问题的专用程序的过程。实际问题一般不清晰、不明确，不是计算机可以识别与计算的问题，需要通过计算机思维方式对实际问题进行建模、编程，最终形成计算机算法与操作指令的精确描述，两者之间有着非常大的距离。因此，一般程序开发分为以下几个步骤，且不断迭代循环。

(1) 分析阶段：程序开发的第一步是深入分析问题，弄清需求说明和相关细节，最终得到一个尽可能严格表述的问题描述，软件过程中通常称为需求分析。

(2) 设计阶段：问题的求解是寻找一个能解决该问题的计算过程模型，一般包括两部分，需要表示计算处理的对象数据，及求解问题的计算方法，即通常所说的算法。

(3) 编码阶段：确定了解决问题的抽象计算模型后，选用一种合适的计算机编程语言实现这个模型，充分利用编程语言特性实现数据结构、设计模式、控制指令等。编码完成后，选用对应语言的编译器进行编译形成目标程序，最后连接程序得到可在机器上运行的执行程序。

(4) 测试阶段：程序完成后功能是否正常，一般需要通过白盒、黑盒与灰盒测试方法尝试性地验证程序功能是否符合需求，程序运行中可能出现动态运行错误，需要回到编码甚至是设计阶段去消除这种错误，然后不断反复迭代，直至得到运行正常的程序。

(5) 发布阶段：运行正常的程序可发布试运行，稳定后正式上线。运行中碰到某些特定场景或数据输入时，会出现运行错误，需及时完善消缺。

编码阶段往往可选择程序员熟悉的编程语言或适合该类场景需求特性的编程语言，例如要用 Python 作为编程语言来解决数据分析问题，就需要把已经建立的抽象数据模型映射到 Python 语言表示的数据结构，把实际问题的抽象求解过程映射到用 Python 语言描述的计算过程。Python 语言具有大量的科学计算包，也成为人工智能数据分析的首选语言。

1.1.2 一个简单示例

示例 1.1.1_Multiplication.py 的功能是打印九九乘法口诀表：

```
##打印九九乘法口诀表
for i in range(1,10):          ## i 表示乘法口诀的行号,取值[1,10)
    for j in range(1,i+1):     ## j 表示乘法口诀的列号,取值[1,i+1)
        s = "%d*%d=%d"%(i,j,i*j)
                               ##获取类似 1*1=1 的乘法算式字符串
        print("%-8s"%s,end="")
                               ##将乘法算式以 8 个字符宽度左对齐打印,不
                                 换行
    print()                    ##每行结束换行
```

程序输出结果如下：

```
1*1=1
2*1=2  2*2=4
3*1=3  3*2=6  3*3=9
4*1=4  4*2=8  4*3=12  4*4=16
5*1=5  5*2=10  5*3=15  5*4=20  5*5=25
6*1=6  6*2=12  6*3=18  6*4=24  6*5=30  6*6=36
7*1=7  7*2=14  7*3=21  7*4=28  7*5=35  7*6=42  7*7=49
8*1=8  8*2=16  8*3=24  8*4=32  8*5=40  8*6=48  8*7=56  8*8=64
9*1=9  9*2=18  9*3=27  9*4=36  9*5=45  9*6=54  9*7=63  9*8=72  9*9=81
```

注:“#”字符表示从该字符开始至行末为代码的注释,不执行。

1.2 Python 发展历史

Python 是由 Guido van Rossum,在 20 世纪 80 年代末和 90 年代初,在荷兰国家数学和计算机科学研究所设计出来的。设计初衷是希望有一种语言能够像 C 语言那样全面调用计算机的功能接口,又可以像 shell 那样轻松地编程。Python 本身也是由诸多其他语言发展而来的,这包括 ABC、Modula-3、C、C++、Algol-68、SmallTalk、Unix shell 和其他的脚本语言等,Python 源代码遵循 GPL(GNU General Public License)协议。

1994 年 1 月 Python 1.0 正式发布;

2000 年 Python 2.0 发布;

2008 年 10 月 Python 2.6 发布;

2010 年 7 月 Python 2.7 发布;

2008 年 12 月 Python 3.0 正式发布,Python 3 被称为"Python 3000" 或"Py3K";

2019 年 3 月已经更新到最新版本 Python 3.7.3。

Python 3 引入了一些与 Python 2 不兼容的关键字和特性,比如 Python 2 中 print 是一个语句,而在 Python 3 中则是一个函数。为了兼容 Python 2 和 Python 3 的运行环境,可以通过 Anaconda 进行解释器的环境设置。

1.3 Python 语言特性与编程库

1.3.1 Python 语言特性

Python 和其他语言相比,具有以下显著特性:

(1) 易于学习:Python 有相对较少的关键字,基础语法简单。

(2) 广泛丰富的标准库:Python 最大的优势之一是丰富的标准库,且支持跨平台。

(3) 易于阅读:Python 属于解释型语言,代码定义非常清晰。

(4) 易于维护:Python 的成功在于它的源代码相当容易维护。

(5) 交互模式:解释型语言支持互动模式,从终端输入执行代码则立即获得结果。

(6) 可移植:基于其开放源代码的跨平台特性,Python 已经被移植到许多平台。

(7) 可扩展:Python 程序可以方便调用 C 或C++程序库。

(8) 支持数据库编程:Python 提供所有主要的商业数据库的接口。

(9) GUI 编程:Python 支持各种丰富的 GUI 编程。

1.3.2 Python 常用编程库

numpy 是本书最为基础也是机器学习最为常用的编程库,除了提供高级的数学运算库外,还具备非常高效的向量和矩阵运算库,这对于机器学习非常重要。

scipy 是在 numpy 基础上更为强大与广泛应用的科学计算库。

pandas 是针对数据处理和分析的工具包,包含了大量的数据读写、清洗、填充与分析的功能。

matplotlib 是工作方式和绘图命令几乎与 Matlab 类似的 Python 免费工具包,基本满足普通个人对数据展现方面的需求。

Scikit-learn 基于上述几种工具包,封装了大量经典及最新的机器学习模型,其出色的接口设计与高效的学习能力,使其成为 Python 核心工具包。

Anaconda 平台可以方便地解决单个 Python 环境所带来的弊端,提供了丰富的数据分析包,通过 Anaconda Navigator 图形界面实现工具包和环境的管理。

1.4 Python 安装方法

Python 可以安装在 Windows、Linux/UNIX、Mac OS X 和其他 UNIX 操作系统上,安装包可以通过 Python 官网 https://www.python.org/downloads/访问下载。

为了方便地对 Python 环境进行管理,免去大量有依赖关系的数据科学类的 Python 包安装,推荐使用 Anaconda 平台安装。Anaconda 集成了大部分需要用到的 Python 包,尤其是数据科学类的包,比如数据处理的 numpy、数据分析的 pandas 深度学习的 Keras,在数据处理方面,几乎可以在安装后直接进行使用。利用自带的 Conda 命令,Anaconda 能够对 Python 包安装、卸载和更新。

Anaconda 同样可以从官网下载地址 https://www.anaconda.com/distribution/获取安装包,安装完 Anaconda 就相当于安装了 Python、命令行工具 Anadonda Prompt、集成开发环境 Spyder、交互式笔记本 IPython 和 Jupyter Notebook。以 Windows 平台为例,如图 1.1 所示,安装完通过开始菜单里的 Anaconda Prompt 检查版本。

图 1.1 Anaconda prompt 检查版本

Conda list 可以查看当前环境中已安装的包和对应版本。在 Anaconda Prompt 可以直接输入 Python 进入交互运行环境，如图 1.2 所示。

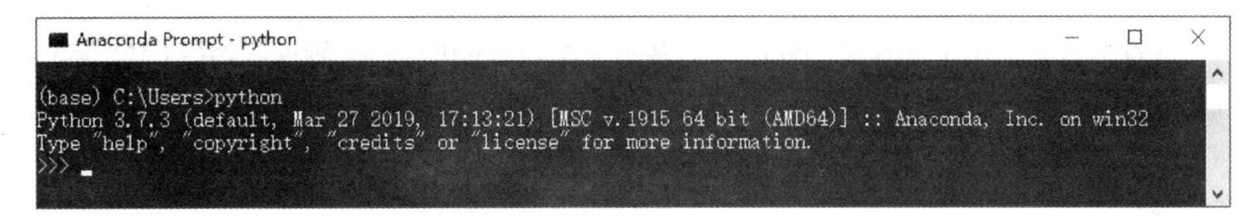

图 1.2 Python 交互界面

通过开始菜单 Anaconda Navigator 可以管理工具包和环境的图形用户界面，后续涉及的众多管理命令也可以在 Navigator 中手工实现。Anaconda Navigator 界面如图 1.3 所示。

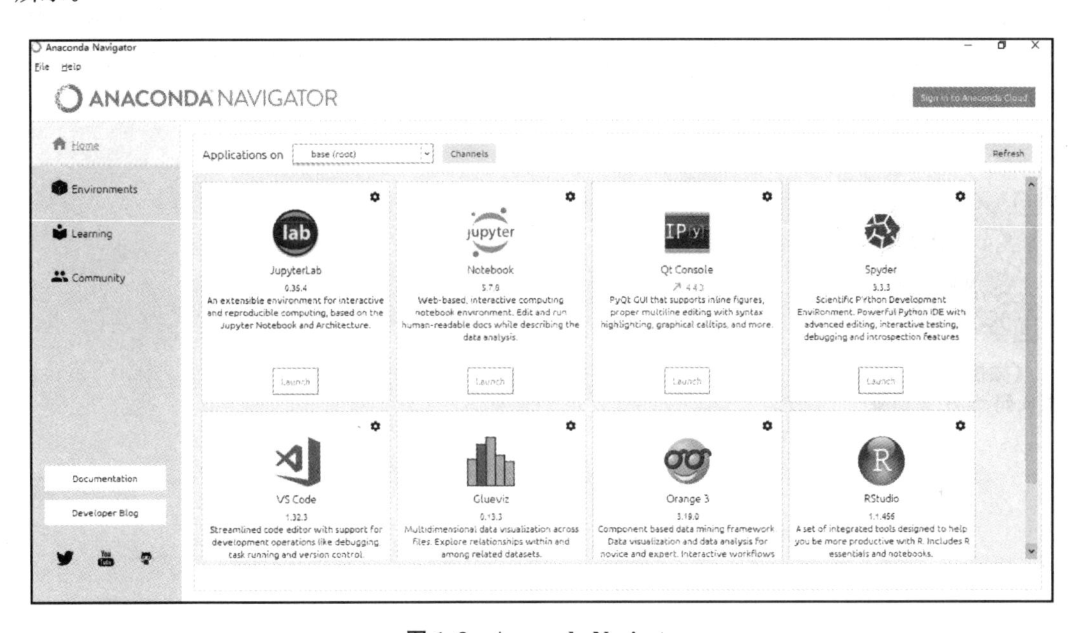

图 1.3 Anaconda Navigator

1.5 集成开发环境

集成开发环境(IDE，Integrated Development Environment)是用于提供程序开发环境的应用程序，一般包括代码编辑器、编译器、调试器和图形用户界面等工具。Python 语言的 IDE 可以使用 Python 自带的 IDLE、Vim、Eclipse、PyCharm 等，比较受欢迎的 PyCharm 是由 JetBrains 打造的一款 Python IDE，支持 MacOS、Windows、Linux 系统。PyCharm 功能包括调试、语法高亮、Project 管理、代码跳转、智能提示、自动完成、单元测试、版本控制等。PyCharm 下载地址：https://www.jetbrains.com/pycharm/download/。

本书以最基础且辅助功能最少的 Python 自带 IDLE 为开发环境介绍 Python 的基础知识及应用。熟练掌握之后再使用 PyCharm 进行项目开发会更得心应手。

本章小结

本章节首先介绍了计算机编程语言的基本概念，程序开发的一般过程，并以 Python 语言开发一个简单的程序。然后简要介绍了 Python 的发展历史，阐述了 Python 的语言特性和常用编程库，让读者了解 Python 的概貌。最后介绍了 Python 的安装方法和常用集成开发环境。

习　题

操作题

1. 在互联网上浏览 www. python. org，下载最新的 Python 3. x 环境，安装并启动运行。

2. 将 Python 解释器当作计算器，试着输入一些你认为有趣的算术表达式，看 Python 解释器的预期结果。

【微信扫码】
源代码 & 相关资源

第 2 章

基本数据类型及运算符

2.1 数据类型

在计算机内部它只认识 0 和 1，而程序如何来区分放在内存中的 0 和 1 是什么呢？它们是数值还是字符呢？这就与数据类型分不开了。在 Python 中最常用的数据类型包括数值类型、逻辑类型、字符串类型等。本小节主要介绍数值类型和逻辑类型，字符类型在第 3 章中介绍。

2.1.1 数值类型

在 Python 语言中提供了三种数值类型：整数、浮点数（有小数部分）和复数，分别与数学中的整数、实数与复数对应。

1. 整数

整数类型与数学中的整数类型一致。如：5，－8，101，－0x69，0o71。其中的－0x69，0o71 为十六进制与八进制数。从 Python 3.0 之后的版本开始，对 Python 的整数范围不再限制，理论上整数的取值范围可以是[－∞，∞]，但现实中会受计算机内存大小的限制。一般认为除极大数的运算外，Python 整数类型没有取值范围限制。如：

```
>>> 2 ** 100
1267650600228229401496703205376
>>> 2 ** 500
3273390607896141870013189696827599152216642046043064789483291368096133796404674554883270092325904157150886684127560071009217256545885393053328527589376
```

这一点非常有用，在其他很多的编程语言中，常常将整数类型还要细分为 short、int、long，这对初学值来说，初始编程就需要对程序中数据的使用范围了如指掌，实在是挺困难的事。

整数类型中除十进制数外，二进制、八进制、十六进制数都可使用，除十进制数外，其他进制数需要用引导符引入。二进制数用 0b 或 0B 开头，后面接数字 0～1，八进制数用 0o 或 0O 开头，后面接数字 0～7，十六进制数用 0x 或 0X 开头，后面接数字 0～9 或 A～F。如：

```
>>> 0o71
57
>>> 0xA1
161
```

2. 浮点数

浮点数与数学中的实数概念一致。如 5.0，－2.3，3.1415，7.5e3，－4.5e－3。Python 规定所有的浮点数必须带有小数部分，小数部分可以为 0，这种方式主要为了区别浮点数与整数。浮点数既可以用十进制数表示，还可以用科学计数法表示。

科学计数法表示数时用 e 或 E 作为幂的符号，如 7.5e3 或 7.5E3，对应的十进制数大小为 $7.5*10^3$。当指数为正数时，也可以表示为 7.5e+3 的形式。当指数为负数时，则只能一种形式。如－4.5e－3，对应的十进数大小为 $-4.5*10^{-3}$。如：

```
>>> 7.5e3
7500.0
>>> -4.5e-3
-0.0045
```

3. 复数

复数类型表示数学中的复数。复数可以看作(a,b)的二元有序实数对，表示的数为 a＋bj，其中 a 为实部，b 为虚部。复数的虚部通过后缀 j 或 J 来表示，如 3.4＋5j，－2.6＋8j，1.23e－4＋5.67e＋76j。

在复数中，实部与虚部的数值都是浮点类型。对于复数 z，获取实部与虚部可以用 z.real和 z.imag。如：

```
>>> 1.23e-4+5.67e+76j.real
0.000123
>>> 1.23e-4+5.67e+76j.imag
5.67e+76
```

复数在科学计算中非常有用，Python 直接支持复数类型的运算，为复数的使用提供了方便。

2.1.2 逻辑类型

在日常生活中经常对某些疑问需要回答“是”或“不是”，或者“Yes”或“No”。在数学中对判断通常作出“对”或“错”的回答。而计算机中，对肯定的回答用“True”，否定的回答用“False”来表示。如：

```
>>> b = 110 < 100
>>> print (b)
False
```

在上面的这段代码中，b 为逻辑型变量，110 < 100 为逻辑型表达式。逻辑变量只有两种取值：True 或 False。判断 110 < 100 为 False，再将该值赋给 b，所以输出为 False。

在 Python 中逻辑型值与整数值是可以相互转换的。它们也可以参与运算。如：

```
>>> True + 5
6
>>> False + 5
5
```

True 值为 1，False 为 0。可以通过 int()取整函数来观察它们的值。

```
>>> int(True)
1
>>> int(False)
0
```

2.1.3　其他类型

除了上述提到了这些类型以外，Python 还提供了字符串类型，如列表、元组、字典、集合等。这些类型请参看第 3、4 章。

2.2　运算符

Python 中提供了非常丰富的运算符，有算术运算符、赋值运算符、比较运算符、逻辑运算符、位运算符等。这些运算符由 Python 解释器直接提供，无需引入库即可直接使用。本节分别介绍这些运算符。

2.2.1　算术运算符

Python 中的算术运算符主要用于加减乘除及取整、取模和幂运算，共有 7 个，如表 2.1 所示。

表 2.1　算术运算符

运算符	描述	实例
+	将两个对象相加或两个序列对象合并	a+b
-	将两个对象相减或者得到一个负数	a-b 或-a
*	将两个对象相乘或得到一个被重复若干次的字符串	a * b 或"ab" * 5
/	将两个对象相除	a/b
//	取整，得到两个数相除以后的商	a//b
%	取模，得到两个数相除以后的余数	a%b
**	幂运算	a ** b，即 a 的 b 次幂

“＋”运算符除了做正常的加法运算外，在序列中还可将两个对象合并，具体的使用方式可以参看序列章节。如：

```
>>> 3 + 4
7
>>> "a" + "b"
'ab'
```

“ * ”运算符除了可以将两个对象相乘以外，还可以将字符串重复若干次。如：

```
>>> 3 * 6
18
>>> "ab" * 5
'ababababab'
```

/ 和 //(地板除)：/ 表示整数除法和浮点除法；//表示获取不大于商的整数，可对整数和浮点数进行计算。如：

```
>>> 12/10
1.2
>>> 12//10
1
>>> -12/10
-1.2
>>> -12//10
-2
```

－12//10 的结果－2 是因为－12 除以 10 得到的商为－1.2，取小于－1.2 的最大整数值为－2。

“%”为取模运算，得到两个数的余数。如：

```
>>> 134 % 10
4
>>> -134 % 10
6
>>> 134 % -10
-6
```

正数的取模比较好理解，但是负数的取模，可能不太好理解。－134%10 为什么是 6？这跟所有程序语言的取模计算公式有关，Python 也不例外。公式如下：

```
r = a - n * (a//n)
```

其中 r 为余数，a 为被除数，n 为除数。

由上面的公式可以得到：

－134%10＝－134－10＊(－134//10)＝－134－10＊(－14)＝6

同理，134%－10＝－6。

“＊＊”为幂运算符。

```
>>> 2 ** 5                           ## 表示 2^5
32
```

注意：算术运算符是有优先级的，＊＊→(＋、－)→＊、/、//、% → ＋、－ 从左往右依次降低。(＋、－)为正负号。＊、/、//、%，优先级相同，＋、－优先级相同，如果想提升优先级也可加小括号()。

如：

```
>>> print ((-4) ** 2)
16
>>> print (-4 ** 2)
-16
>>> print (30//7 * 4 + 15 % 2 ** 3)
23
```

2.2.2 赋值运算符

Python 中的赋值运算符除了可以给对象赋值以外，同时还兼有计算的功能。

如表 2.2 所示，除“＝”号外，其余的 7 个赋值运算符也称为增强赋值运算符。

表 2.2　赋值运算符

运算符	描述	实例
＝	赋值运算符	a＝b＋c(将 b＋c 的运算结果赋值给 a)
＋＝	加法赋值运算符	a＋＝b
－＝	减法赋值运算符	a－＝b
＊＝	乘法赋值运算符	a＊＝b
/＝	除法赋值运算符	a/＝b
%＝	取模赋值运算符	a%＝b
＊＊＝	幂赋值运算符	a ＊＊＝b
//＝	取整除赋值运算符	a//＝b

其中增强型运算符，可将左侧变量与右侧表达式进行运算，并将结果赋给左侧变量。

```
>>> a += b               ##等同于 a = a + b
>>> print(a)
25
>>> a -= b               ##等同于 a = a - b
>>> print(a)
15
```

```
>>> a *= 3 ##等同于 a = a * 3
>>> print (a)
45
>>> a/= 5 ##等同于 a = a/5
>>> print (a)
9.0
>>> a %= 2 ##等同于 a = a % 2
>>> print (a)
1.0
>>> a = 4
>>> a **= 3 ##等同于 a = a ** 3
>>> print (a)
64
>>> a//= 9 ##等同于 a = a//9
>>> print (a)
7
```

2.2.3 比较（关系）运算符

Python 中的比较运算符用于两个运算对象之间的比较，有等于、不等于、大于、小于、大于等于、小于等于 6 种类型的比较运算符。比较运算的结果返回的为逻辑值。如表 2.3 所示。

表 2.3 比较运算符

运算符	描述	实例
==	等于运算符	a==b，判断 a 是否等于 b，相等返回 True，否则为 False
!=	不等于运算符	a!=b，判断 a 是否不等于 b，不相等返回 True，否则为 False
>	大于运算符	a>b，判断 a 是否大于 b，大于返回 True，否则为 False
<	小于运算符	a<b，判断 a 是否小于 b，小于返回 True，否则为 False
>=	大于等于运算符	a>=b，判断 a 是否大于等于 b，大于等于返回 True，否则为 False
<=	小于等于运算符	a<=b，判断 a 是否小于等于 b，小于等于返回 True，否则为 False

比较运算符中的等于、不等于、大于、小于、大于等于及小于等于示例程序如下：

```
>>> a = 5
>>> b = 8
>>> a == b
False
>>> a! = b
```

```
True
>>> a > b
False
>>> a < b
True
>>> a >= b
False
>>> a <= b
True
```

字符串、列表、元组等对象按顺序进行比较，字符串按字符的 ASCII 码进行比较。如：

```
>>> x = "abc"
>>> y = "acd"
>>> print (x > y)
False
>>> print (x < y)
True
```

先取 x 中的字符“a”与 y 中的字符“a”比较，两者相等；再取 x 中的字符“b”与 y 中的字符“c”比较，“b”的 ASCII 码值比“c”的 ASCII 码值小，所以可以判断 x > y 为 False，x < y 为 True。

注意：在 Python 3.0 后，已不再使用<>(不等于)这个关系运算符。

在比较运算符中出现如下这种形式的比较运算，可以将其理解为两个关系运算后的与运算。

```
>>> print (3 < 4 < 9)
True
```

上面的表达式可以理解为 print (3 < 4 and 4 < 9)，3 < 4 返回值为 True，4 < 9 返回值为 True，True and True，最后输出为 True。

```
>>> print (4 < 6! = 6)
False
```

上面的表达式同样可以理解为 print (4 < 6 and 6!=6)，4 < 6 返回值为 True，6!=6 返回值为 False，True and False，最后输出为 False。

2.2.4　位运算符

Python 中的位运算符是按数值对应的二进制来进行计算的，主要有按位与、按位或、按位异或、按位取反、左移及右移运算，位运算规则如表 2.4 所示。

表 2.4 位运算符

运算符	描述	实例
&	按位与运算符	a&b,a 与 b 两个相应位都为 1,则该位的结果为 1,否则为 0
|	按位或运算符	a|b,a 与 b 两个相应位只要有一个为 1,则该位的结果为 1,否则为 0
^	按位异或运算符	a^b,a 与 b 两个相应位相异,则该位的结果为 1,否则为 0
~	按位取反运算符	~a,a 的相应位 1 变为 0,0 变为 1
<<	左移运算符	a<<2,a 为正数,则各二进位全部左移 2 位,高位丢弃,低位补 0。a 为负数,则转换为补码后,高位丢弃,低位补 0
>>	右移运算符	a>>2,a 为正数,则各二进位全部右移 2 位,低位丢弃,高位补 0。a 为负数,则转换为补码后,低位丢弃,高位补 1

“&”按位与,先将左右两边的对象转换成二进制后,再进行按位与运算。如:

```
>>> a = 10                          ## a = 0000 1010
>>> b = 25                          ## b = 0001 1001
>>> a & b
8
```

先将 a,b 转换成等值的二进制数,a=0000 1010,b=0001 1001,进行按位与运算的结果为 0000 1000,输出时转换成了十进制数为 8。

其他位运算符操作之前也必须将操作对象先转换成二进制后,再进行运算。

```
>>> a | b
27
```

a = 0000 1010,b = 0001 1001,按位或的结果为 0001 1011,输出时转换成了十进制数为 27。

```
>>> a^b
19
```

a=0000 1010,b=0001 1001,按位异或的结果为 0001 0011,输出时转换成了十进制数为 19。

在计算机内部负数是用补码来表示的,而正数是用原码表示的。所以下面四点请牢记:

(1) 在计算机里面,负数是以补码表示的;

(2) 原码求补码:先求负数绝对值的原码,最高位变为 1,其他位按位取反,再末位+1;

(3) 补码求原码:末尾-1,符号位不变,其他位按位取反;

(4) 取反操作是根据数值在计算机内部的二进制表示进行取反的。正数用原码取反,负数用补码取反。

```
>>> ~a
-11
```

求~a,即为求~10。

10 的原码：0000 1010

按位取反得到：1111 0101，从最高位(符号位：1 为负数，0 为正数)可以知道这是一个负数，因为负数以补码表示，所以问题就变成了由补码来求原码了。

补码：1111 0101

反码：1111 0100

原码：1000 1011

因为 1000 1011 的十进制数表示为－11，所以～a 的值为－11。

如果求～－10，因为－10 在计算机内部是用补码表示的，所以要先得到－10 的补码表示。

10 的原码：0000 1010

－10 的原码：1000 1010

－10 的反码：1111 0101

－10 的补码：1111 0110

然后再按位取反：0000 1001

所以～－10 为 9

```
>>> b >> 2
6
```

这边 b 用 8 位二进制数表示为 b＝0001 1001，往右移位，因为 a 为正数，所以低位丢弃，高位补 0，结果为 0000 0110，转换成十进制数为 6。

2.2.5　逻辑运算符

Python 中的逻辑运算符有与(and)、或(or)、非(not)，参与运算的两个对象，结果不一定为 True 或 False。逻辑运算的规则如表 2.5 所示。

表 2.5　逻辑运算符

运算符	描述	实例
and	与运算符	a and b，如果 a 为 False，不计算 b 的值，直接返回 a；否则返回 b
or	或运算符	a or b，如果 a 为 True，不计算 b 的值，直接返回 a；否则返回 b。
not	非运算符	not a，如果 a 为 False，返回 True；否则返回 False。

“and”和“or”运算符，在 Python 中的结果有时不一定为 False 或 True。如：

```
>>> a = 10
>>> b = 20
>>> False and b              ## 因为左侧为 False，结果直接为 False
False
>>> True and b               ## 因为左侧为 True，结果直接为右侧的对象
20
>>> False or b               ## 因为左侧为 False，结果直接为右侧的对象
20
```

```
>>> True or b ## 因为左侧为 True，结果直接为 True
True
>>> a and b ## a 为 10，非 0 为 True，结果为右侧对象
20
>>> a or b ## a 为 10，非 0 为 True，结果为 a
10
```

2.3 输入输出语句

Python 中用于输入的语句为 input()函数，可以将输入的任何内容以字符形式展示。输出语句为 print()函数，基本可以输出任意类型的对象。

2.3.1 print 函数

print 函数在 Python 中用于输出，其输出对象可以为数值、字符、变量，列表、元组等。其的语法格式为：

```
print(value, ..., sep = ' ', end = '\n', file = sys.stdout, flush = False)
```

value：为输出的各项值，各输出项之间用逗号分隔；

sep：多个输出项之间的间隔符，它默认是一个空格。如果设置为某个字符，将会使用该指定字符对输出项进行分隔；

end：是添加在打印文本末尾的一个附加字符串，它默认的是一个“\n” 换行字符。若设置其值为 ''(空字符串)，则下一个 print 输出将会保持添加到当前输出行的末尾；

file：输出的目标对象，可以是文件也可以是数据流，默认是“sys. stdout”；

flush：flush 值为 True 或者 False，默认为 False，表示是否立刻将输出语句输出到目标对象。

1. print 函数中的 value 参数

```
>>> print("Python")              ## 输出字符串
Python
>>> print ("hello","word")
hello word
>>> print(10)                    ##输出数值
10
>>> print([1,2,3])               ##输出列表
[1, 2, 3]
>>> a = (1,2,3)                  ##输出元组
>>> print(a)
(1, 2, 3)
>>> b = {'a':1,'b':2}            ##输出字典
```

```
>>> print(b)
{'a': 1, 'b': 2}
```

2. print 函数的 sep 参数

```
>>> print("hello","word",sep=",")
hello,word
```

3. print 函数的 end 参数

默认情况下,print 函数输出是自带换行功能。缺省 end 参数,默认为 end="\n"。如:

```
>>> for i in range(5):
        print(i)
0
1
2
3
4
```

如果不希望它换行,那么可以在 print 函数中加上 end 参数。如:

```
>>> for i in range(5):
        print(i,end=' ')
0 1 2 3 4
```

4. print 函数中的 file 和 flush 参数

在代码窗口输入如下代码:

```
test = open("test.txt", "w")
print("hello","word",sep="\n",file=test)
test.close()
```

则在应用程序同一路径下的 test.txt 文件中写入两行内容:

hello

word

flush 参数只有两个选项,True or False。默认为 False。

当 flush=False 时,输出值会存在缓存,然后在文件被关闭时写入。

当 flush=True 时,输出值强制写入文件。

2.3.2 input 函数

input 函数接受任意输入,将所有输入默认为字符串处理,并返回字符串类型。

如果希望得到一个数值型数据,可以通过 int()或 eval()函数转换。

```
>>> a = input("input:")
input:12
```

```
>>> type(a)
<class 'str'>
>>> b = int(a)
>>> print(b)
12
>>> type(b)
<class 'int'>
```

2.4 常用内置函数

为了使用户使用方便,Python 中提供了非常丰富的函数供用户使用。每个内部函数都能实现特定的功能和运算。每个函数都有一个特定的函数名,直接调用函数即可实现此函数的功能。调用函数的形式如下:

函数名[(参数列表)]

其中的函数名,参数的类型、个数都是 Python 预先定义的,用户不能自行修改。Python 中提供的内部函数分为数学函数、转换函数等,下面介绍一些常用的内部函数的功能及其使用方法。

2.4.1 数学函数

Python 不仅提供了许多内置的数学函数,还提供了一个 math 库,可以进行更复杂的数学运算。表 2.6 列出了常用的内置数学函数。

表 2.6 数学函数

函数名	意义	实例	结果
abs(x)	求 x 的绝对值	abs(−5)	5
divmod(x,y)	获得 x 除以 y 的商和余数	divmod(1,3)	(0, 1)
pow(x,y)	获得 x 的 y 次方	pow(2,3)	8
round(number [,ndigits])	获得指定位数的小数。number 代表浮点数,ndigits 代表精度	round(3.14159,2)	3.14
range([start,] stop,step)	生成一个 start 到 stop 的数列,步长为 step,左闭右开	list(range(1, 5))	[1, 2, 3, 4]

abs(x)函数,可以求某个数的绝对值。

```
>>> a = abs(-8.9)
>>> print ("a=", a)
a=8.9
```

divmod(x,y)函数,直接可以得到两个数的商和余数,以元组形式返回。

```
>>> (div,mod) = divmod(17, 5)
>>> print ("div = ", div, "mod = ", mod)
div=3 mod=2
```

pow(x,y)函数，可以得到一个幂次方值，与**的功能类似。

```
>>> b = pow(9, 0.5)
>>> print ("b = ", b)
b=3.0
```

round(number[,ndigits])函数，可以对一个浮点数进行格式化。ndigits参数指定保留的小数位数，将后面一位的数值进行四舍五入。只要指定小数位数，则round函数返回结果为浮点类型。

```
>>> round(3.14159,3)
3.142
>>> round(3.4999, 2)
3.5
```

```
>>> round(3.4999, 0)
3.0
>>> round(5678.4999, -1)
5680.0
```

round()函数如果缺省ndigits参数，则可对浮点数进行四舍五入取整。

```
>>> round(3.51)
4
>>> round(3.49)
3
```

```
>>> round(4.51)
5
>>> round(4.49)
4
```

注意：round()函数取整时，如果小数部分只有0.5时，遵循"四舍六入五成双"的规则。最后的结果会受到前面整数部分是偶数还是奇数的影响，取整的结果皆为偶数。

```
>>> round(-3.5)
-4
>>> round(3.5)
4
```

```
>>> round(-4.5)
-4
>>> round(-4.5)
-4
```

range([start,]stop, step)函数，可以得到一个数列，但该数列不包含范围的stop值。缺省start时，默认从0开始。step是设定数列的步长。

```
>>> a = range(5)
>>> list(a)
[0, 1, 2, 3, 4]
```

```
>>> b = range(1,10,2)
>>> list(b)
[1, 3, 5, 7, 9]
```

2.4.2 转换函数

有时需要对Python中得到的值进行转换，以便进行后期的操作。在Python中提供了一系列非常丰富的转换函数。表 2.7 列出了常用的一些转换函数。

表 2.7 转换函数

函数名	意义	实例	结果
int(x,base)	转换为 int 型	int(3.5)	3
float(x)	将 int 型或字符型转换为浮点型	float('3')	3.0
str(x)	将 int 型转换为字符型	str(3)	'3'
bool(x)	将 int 型转换为布尔类型	str(0) str(None)	False False
complex(real[,imag])	转换为复数类型	complex(3,4)	(3+4j)
bin(x)	转换为 2 进制	bin(1024)	'0b10000000000'
oct(x)	转换为 8 进制	oct(1024)	'0o2000'
hex(x)	转换为 16 进制	hex(1024)	'0x400'
chr(x)	转换数字为相应 ASCI 码字符	chr(65)	'A'
ord(x)	转换 ASCII 字符为相应的数字	ord('A')	65
list(iterable)	转换为 list	list((1,2,3))	[1,2,3]
tuple(iterable)	转换为 tuple	tuple([1,2,3])	(1,2,3)
dict(iterable)	转换为 dict	dict([('a', 1), ('b', 2), ('c', 3)])	{ 'a': 1, 'b': 2, 'c':3}
enumerate(iterable)	返回一个枚举对象		

int(x)函数,截尾取整,直接将小数部分舍去。如果指定参数 x 的进制,则将其转换为十进制数。

```
>>> int(3.5)
3
>>> int('ff',16)
255
```

float(x)函数,可以将整数或数值类型的字符转换为浮点数。

```
>>> float(3)
3.0
>>> float('3')
3.0
str(x)函数,可以将整数转换为字符型。
>>> str(12)
'12'
```

bool(x)函数,可以将整数或空值转换为布尔型。非 0 的值为 True,0 为 False。空值为 False。

```
>>> a = bool(3+2)
>>> print ("a = ", a)
a =True
>>> bool(0)
False
>>> bool(None)
False
```

complex(real[,imag])函数，将给定的实部、虚部转换为复数。

```
>>> complex(3)
(3+0j)
>>> complex(3,4)
(3+4j)
```

bin(x)函数，将一个整型值转换为二进制数。得到的结果是个字符串类型。

```
>>> a = bin(15)
>>> print ("a = ", a, "  type: ", type(a))
a =0b1111    type:  <class 'str'>
```

oct(x)函数，将一个整型值转换为八进制数。得到的结果是个字符串类型。

```
>>> b = oct(15)
>>> print ("b = ", b, "  type: ", type(b))
b =0o17    type:  <class 'str'>
```

hex(x)函数，将一个整型值转换为十六进制数。得到的结果是个字符串类型。

```
>>> c = hex(15)
>>> print ("c = ", c, "  type: ", type(c))
c =  0xf    type:  <class 'str'>
```

chr(x)函数，可将ASCII码转换为相应字母。

```
>>> c = chr(97)
>>> print (c)
a
```

ord(x)函数，可将字母转换为相应的ASCII码。

```
>>> i = ord('a')
>>> print (i)
97
```

list(iterable) 函数，将可迭代的对象转换为列表。在Python中可迭代对象为字符串、列表、元组、集合。字符串、列表、元组等内容请参见第3章序列。

```
>>> list('abcdf')
['a', 'b', 'c', 'd', 'f']
>>> list((1,2,3))
[1, 2, 3]
```

tuple(iterable)函数,将可迭代的对象转换为元组。

```
>>> tuple("acdfg")
('a', 'c', 'd', 'f', 'g')
>>> tuple([1,2,3,4])
(1, 2, 3, 4)
```

dict(iterable)函数,将可迭代的对象转换为字典。

```
>>> dict([(1,"a"),(2,"b"),(3,"c")])
{1: 'a', 2: 'b', 3: 'c'}
```

enumerate(iterable[,start])函数,用于将一个可迭代的对象(如列表、元组或字符串)组合为一个索引序列,同时列出数据下标和数据,一般用在 for 循环当中。

```
>>> a = enumerate("asdfg")
>>> list(a)
[(0, 'a'), (1, 's'), (2, 'd'), (3, 'f'), (4, 'g')]
```

2.4.3 相关操作函数

Python 中还有一些操作函数非常有用,如 type()函数用于获取输出类型。对运算结果的类型不确定时,可以用此函数来解决问题。help()函数可以帮助了解模块、函数、方法的具体内容等等。如表 2.8 所示,列出了四个常用的操作函数。

表 2.8 常用操作函数

函数名	意义	实例	结果
eval(x)	执行一个表达式,或字符串作为运算	eval('1+1')	2
type(x)	返回一个对象的类型	type(10)	<class 'int'>
id(x)	返回一个对象的唯一标识值	id(3)	1383457584
help(x)	调用系统内置的帮助系统	help(eval)	

eval(x)函数,将一个字符串类型的表达式,去掉引号,计算出结果。

```
>>> eval("2+3")
5
>>> eval('[1,2,3,4]')
[1, 2, 3, 4]
```

type(x)函数,返回 x 参数的类型。

```
>>> type(ord('a'))
<class 'int'>
```

id(x)函数,用于获取 x 对象的内存地址。

```
>>> a = 2
>>> b = a
>>> id(a)
1383457568
>>> id(b)
1383457568
```

help(x)函数,用于查看函数或模块的帮助文档。

```
>>> help(eval)
```

2.5 相关标准库

2.5.1 math 模块

标准库中的 math 模块提供了大量的数学函数。通过这些函数,我们可以执行丰富的数学运算。值得注意的是该模块中的函数均不适用于复数运算。

标准库中的模块,以如下格式使用:

import 模块名

引入 math 库即为 import math

对模块中函数的相关使用方法进行查询,可以通过如下语句:

help(模块名.函数名)

Python 中 math 模块的常用函数、常量如下:

ceil(x):取大于等于 x 的最小的整数值,如果 x 是一个整数,则返回 x。

```
>>> math.ceil(3.4)
4
>>> math.ceil(-3.6)
-3
```

copysign(x,y):返回由 y 的符号、x 的绝对值构成的浮点数。

```
>>> math.copysign(-3,4)
3.0
>>> math.copysign(3,-4)
-3.0
>>> math.copysign(3,0)
3.0
```

pi:数字常量,圆周率。

```
>>> math.pi
3.141592653589793
```

sin(x),cos(x),asin(x),acos(x):求 x 的正弦,余弦,反正弦,反余弦值,x 必须是弧度值。

```
>>> math.cos(math.pi/6)
0.8660254037844387
```

tan(x), atan(x):求 x(x 为弧度值)的正切值,反正切值。

```
>>> math.tan(math.pi/6)
0.5773502691896257
```

sqrt(x):求 x 的平方根。

```
math.sqrt(2)
1.4142135623730951
```

trunc(x):返回 x 的整数部分。

```
>>> math.trunc(3.567)
3
```

degrees(x):把 x 从弧度转换成角度。

```
>>> math.degrees(math.pi)
180.0
```

e:表示数学常量 e。

```
>>> math.e
2.718281828459045
```

exp(x):返回 math.e 的 x 次方。

```
>>> math.exp(3)
20.085536923187668
```

expm1(x):返回 math.e 的 x 次方的值减 1。

```
>>> math.expm1(3)
19.085536923187668
```

fabs(x):返回 x 的绝对值。

```
>>> math.fabs(-3.5)
3.5
```

factorial(x):取 x 的阶乘的值。

```
>>> math.factorial(5)
120
```

floor:取小于等于 x 的最大的整数值,如果 x 是一个整数,则返回自身。

```
>>> math.floor(3.5)
3
>>> math.floor(4.5)
4
>>> math.floor(4)
4
>>> math.floor(-3.5)
-4
```

trunc(x):返回 x 的整数部分

```
>>> math.trunc(3.567)
3
```

fmod(x,y):得到 x/y 的余数,其值是一个浮点数。

```
>>> math.fmod(10,3)
1.0
```

fsum(x):对迭代器里的每个元素进行求和操作。

```
>>> math.fsum([1,2,3,4,5])
15.0
```

gcd(x,y):返回 x 和 y 的最大公约数。

```
>>> math.gcd(35,75)
5
```

isnan(x):如果 x 不是数字则返回 True,否则返回 False。

```
>>> math.isnan(4.45)
False
```

log(x[,base]):返回 x 的自然对数,默认以 e 为底数,base 参数给定时,则以给定的 base 为底数。

```
>>> math.log(2,3)
0.6309297535714574
```

log10(x):返回 x 的以 10 为底的对数。

```
>>> math.log10(5)
0.6989700043360189
```

log2(x)：返回 x 的基数 2 的对数。

```
>>> math.log2(16)
4.0
```

modf(x)：返回由 x 的小数部分和整数部分组成的元组。

```
>>> math.modf(3.45)
(0.4500000000000002, 3.0)
```

pow(x,y)：返回 x 的 y 次方，即 x ** y。

```
>>> math.pow(3,4)
81.0
```

radians(x)：把角度 x 转换成弧度。

```
>>> math.radians(90)
1.5707963267948966
```

2.5.2 random 模块

random 模块提供了生成随机数、将序列元素顺序随机化等功能。

引入 random 模块的方法如下：

```
import random
```

下面对该模块中的常用函数介绍如下：

random()：用于生成一个[0,1)之间的随机数，包含 0，但不包含 1。

```
>>> random.random()
0.18179685450755578
```

uniform(a,b)：用于生成一个指定范围内的随机浮点数，两个参数其中一个是上限，一个是下限。如果 $a < b$，则生成的随机数 n：$a \leqslant n \leqslant b$。如果 $a > b$，则 $b \leqslant n \leqslant a$。

```
>>> random.uniform(1,10)
4.6962412897308825
>>> random.uniform(10,1)
1.4117853360456198
```

randint(a, b)：用于生成一个指定范围内的整数。其中参数 a 是下限，参数 b 是上限，生成的随机数 n：$a \leqslant n \leqslant b$。

```
>>> random.randint(1,100)
22
```

choice(sequence)：从序列中获取一个随机元素。其函数原型为：random.choice(sequence)。

参数 sequence 表示一个序列。这里要说明一下：序列在 Python 中不是一种特定的类型，而是泛指一系列的类型。列表、元组、字符串都属于序列。

```
>>> random.choice([1,12,45,36,53])
36
>>> random.choice(range(10, 30, 2))
10
```

randrange([start], stop[, step])：从指定范围内，按指定基数递增的集合中，获取一个随机数。

```
>>> random.randrange(10,30,2)
12
>>> random.randrange(10,30,2)
28
```

random.randrange(10, 30, 2)，结果相当于从[10, 12, 14, 16, ... 26, 28]序列中获取一个随机数。

random.randrange(10, 30, 2)在结果上与 random.choice(range(10, 30, 2))等效。

shuffle(x[, random])：用于将一个列表中的元素打乱，即将列表内的元素随机排列。

```
>>> a=[2,4,6,8,10]
>>> random.shuffle(a)
>>> print(a)
[6, 8, 2, 10, 4]
```

sample(sequence, k)：从指定序列中随机获取指定长度的子序列并随机排列。

注意：sample 函数不会修改原有序列。

```
>>> a=[2,4,6,8,10]
>>> print(random.sample(a,4))
[2, 6, 8, 4]
>>> print(a)
[2, 4, 6, 8, 10]
```

本章小结

本章主要介绍了 Python 的数据类型、运算符及表达式、输入输出语句、常用的内置函数及两个标准库：math 模块和 random 模块。

数据类型是程序中方便对象进行存储和交换的。Python 中常用的数据类型主要有数值型的整数、浮点数、复数，还有逻辑型、字符型等等。

运算符及表达式是计算机程序的组成部分，可以将运算符与简单表达式联合起来构成更加复杂的表达式。

Python 中用于输入输出的语句分别为 input()函数和 print()函数。

Python 中的内置函数非常丰富。

习　题

一、选择题

1. Python语言提供三种基本的数字类型，它们分别是________。

A. 整数类型、二进制类型、浮点数类型　B. 整数类型、浮点数类型、复数类型

C. 整数类型、二进制类型、复数类型　D. 整数类型、二进制类型、浮点数类型

2. 以下关于Python语言浮点数类型的描述中，错误的是________。

A. 小数部分不可以为0

B. 浮点数类型与数学中实数的概念一致

C. 浮点数类型表示带有小数的类型

D. Python语言要求所有浮点数必须带有小数部分

3. 以下代码的输出结果是________。

print(0.3+0.2 == 0.5)

A. False　B. −1　C. True　D. 0

4. 以下关于Python字符编码的描述中，错误的是________。

A. print(ord("a")) 输出97

B. print(chr(65)) 输出A

C. Python字符编码使用ASCⅡ编码

D. chr(x)和ord(x)函数用于在单字符和Unicode编码值之间转换

5. 以下代码的输出结果是________。

```
b = 10.55
print(complex(b))
```

A. (10.55+j)　B. 10.55　C. 0.55　D. (10.55+0j)

6. print(4 * 5 ** 2//7%3)的输出结果是________。

A. 1　B. 4　C. 2　D. 5

7. 随机产生两位正整数，通过import random引入随机库后，用________语句可以得到。

A. random.randint(10,100)　B. random.randint(10,99)

C. random.random(10,99)　D. random.random(10,100)

二、填空题

1. 表达式2+9 * ((3 * 12)−8)//10的结果为________。

2. 表达式int(−3.5)+pow(2,3)+round(3.1415,2)的结果为________。

3. 表达式int(−4.5)+round(−4.5)+math.floor(−4.5)的结果为________。

4. print(~5)的输出为________。

5. print(~−5)的输出为________。

6. print(eval("3"+"4"))的输出为________。

7. print(eval("3+4"))的输出为________。

【微信扫码】
源代码 & 相关资源

第3章

序 列

3.1 概 述

Python除了上一章节介绍的基本数据类型，还提供了丰富的内置类型，以便实现丰富的应用。

若数据本身是由多个成员构成，且各成员之间有序排列，则可以使用序列来进行存储。而要访问某个成员或几个成员，则可以通过该序列的下标偏移量来实现，如图3.1所示，若该序列名称为list_example，则可以通过list_example[2]或list_example[-(n-2)]来访问X元素。

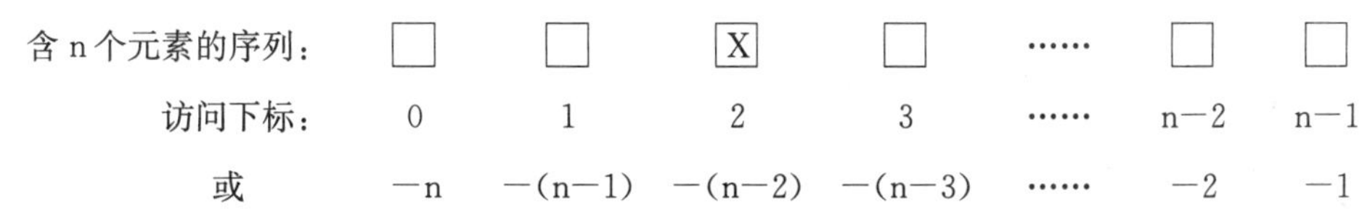

图3.1 序列示意图

本章节将着重讲解常见序列类型：字符串、列表及元组。其中字符串和元组为不可变类型，而列表是可变类型。字符串是由若干字符构成的序列，两端用英文单引号或双引号标记；列表的成员可以是基本数据类型数据，也可以是其他内置类型数据，甚至可以是列表类型数据，列表两端用"[]"标记；元组与列表类似，但两端用"()"标记，并且属于不可变类型。详细请参看本章节对应小节内容。

3.2 序列的操作

序列类型有很多共同的操作，如获取长度、连接、重复、切片等等。本小节主要介绍序列的常用操作。

3.2.1 序列的创建

通过对变量直接赋值，即可创建该序列类型。如：

```
>>> list_example = [1, 2, 3]          ##创建了一个列表类型对象 list_example
>>> str_example = "hello world"       ##创建了一个字符串类型对象 str_example
>>> tuple_example = (10, 32, 20, 16)  ##创建了一个元组类型对象 tuple_example
>>> list_example
[1, 2, 3]
>>> str_example
'hello world'
>>> tuple_example
(10, 32, 20, 16)
```

3.2.2 获取长度

可以通过 len 函数来返回序列中包含的成员个数。格式为：

```
len(seq)
```

其中 seq 为序列的名称，如使用 len 函数获取 3.2.1 定义的三个序列对象中的元素个数：

```
>>> len(list_example)
3
>>> len(str_example)
11
>>> len(tuple_example)
4
```

3.2.3 索引与切片

序列中的每个元素都有其编号，被称为下标，也作索引。序列的编号从左至右从 0 开始递增。可以通过索引访问各元素。格式如下：

```
seq[i]
```

其中 seq 为序列的名称，可以通过索引 i 直接获取对应元素。如：

```
>>> L = [10, 11, 12, 13, 14, 15, 16, 17, 18]
>>> L[0]
10
```

访问序列时，也可以从序列右端开始。序列由右至左元素的索引也可以是－1、－2……如对上例中的 L 进行访问：

```
>>> L[-2]
17
```

切片是序列很常用的一种操作。使用切片可以访问一定范围内的元素。格式为：

```
seq[startindex : remainindex : stepvalue]
```

其中，seq 为序列的名称，startindex 为提取元素的起始下标，remainindex 为结束下标，即剩余元素的起始下标，stepvalue 为步长值，即下标增量，缺省值为 1。进行切片操作时从下标 startindex 取至下标 remainindex－1，取出的结果序列中不包括下标为 remainindex 的元素。如对上例中的 L 继续进行访问：

```
>>> L[1:5]
[11, 12, 13, 14]
```

起始下标和终止下标可以省略。若步长值为正，则省略起始下标表示从 0 开始，省略终止下标表示取至序列最后一个元素；若步长值为负，则省略初始下标表示从最后一个元素开始，省略终止下标表示取至下标为 0 的元素。如对上例中的 L 继续进行访问：

```
>>> L[0:9:2]          ##获取序列L中下标为0,2,4,6,8的元素构成的子序列
[10, 12, 14, 16, 18]
>>> L[:]
[10, 11, 12, 13, 14, 15, 16, 17, 18]
>>> L[::-1]           ##等价于L[len(L)-1::-1]
[18, 17, 16, 15, 14, 13, 12, 11, 10]
```

3.2.4 关系操作

in/not in 运算用于判断某对象是否是序列的成员。格式为：

```
elem in/not in seq
```

其中，elem 为判断是否在序列中的对象，seq 为序列。

对于字符串而言，in/not in 不仅可以判断某字符是否是该序列的成员，还可以判断字符串 s1 是否是字符串序列 s2 的子串；而对于列表或元组而言，该运算则无法判断某列表或元组是否是该序列的子序列，只能用于判断某对象是否是该序列的成员。如：

```
>>> s = "hello world"
>>> "h" in s          ##判断“h”字符是否是字符串序列s的成员
True
>>> "world" in s      ##判断“world”字符串是否是字符串序列s的子串。若为子串，
True                    则子串中的各字符的相对次序需与原字符串序列中各字符的
>>> "ehllo" in s        相对次序一致。
False
>>> L = [11, 13, 17, 19]
>>> 13 in L           ##判断13是否是列表序列L的成员
True
>>> [11, 13] in L     ##无法判断[11,13]是否是列表序列L的子序列
```

```
False
>>> t = (1, 2, 3)
>>> 3 in t                    ##判断 3 是否是元组序列 t 的成员
True
>>> (2, 3) in t               ##无法判断(2,3)是否是元组序列 t 的子序列
False
>>> 5 not in t
True
```

3.2.5 连接操作

连接操作是将多个相同类型的序列进行合并，并且保证其成员相对次序不变。格式为：

```
seq1 + seq2
```

该操作的结果为由序列 seq1 的所有成员与序列 seq2 的所有成员构成的新序列。“+”操作适用于包括字符串、列表和元组的各种序列。字符串序列还可以通过 join 方法来实现连接，格式为：

```
joinchar.join(stringlist)
```

列表序列还可以通过 extend 方法来实现两个列表的合并。格式为：

```
list1.extend(list2)
```

列表序列的 extend 方法是将列表 list2 合并至列表 list1 中，该方法本身并不返回任何结果，因此合并后查看列表 list1 的内容才可以看到合并结果。如：

```
>>> "Hello" + "World"
'HelloWorld'
>>> "".join(["Hello", "World"])
'HelloWorld'
>>> ",".join(["Happy", "New", "Year"])
'Happy,New,Year'
>>> [1, 2, 3] + [2, 3, 4]
[1, 2, 3, 2, 3, 4]
>>> L1 = [1, 2, 3]
>>> L1.extend([2, 3, 4])
>>> L1
[1, 2, 3, 2, 3, 4]
>>> (1, "a") + (2, "b")
(1, 'a', 2, 'b')
```

3.2.6 重复操作

重复操作是将某序列重复多次，生成新的序列。格式为：

```
seq * n
```

该操作返回将序列 seq 重复 n 次后的结果序列，如：

```
>>> s = "hello"
>>> s * 3
'hellohellohello'
>>> L = [1, 2]
>>> L * 4
[1, 2, 1, 2, 1, 2, 1, 2]
```

3.2.7 常用函数及方法

1. 最大值函数 max、最小值函数 min

通过 max 函数可以获取给定序列的最大值，若有多个元素相等并且同为最大值，则返回第一个最大值，格式为：

```
max(seq, key = func)
```

其中 seq 为序列的名称，key 参数缺省时，序列元素必须是可比较类型。

若序列元素为数值，则直接比较大小，如：

```
>>> max([10, 39, 34, 26, 30])
39
```

若序列元素为字符，则比较其编码，西文字符比较其 ASCII 码；中文汉字比较其机内码，如：

```
>>> s = "hello world"
>>> max(s)
'w'
>>> max("Hello World")
'r'
>>> ord("我")
25105
>>> ord("们")
20204
>>> max("我们")
'我'
```

若序列元素又为序列，则首先比较每个序列元素的第一个元素，若相等再比较每个序列元素的第二个元素，直到分辨出大小为止。如：

```
>>> max([[10, 23], [10, 32], [10, 10, 40]])
[10, 32]
```

若序列元素为数值或逻辑型，则按照逻辑型转换为数值类型的值进行比较大小（True 转换为数值类型为 1，False 转换为数值类型为 0），若最大值有多个，则返回第一个最大值。如：

```
>>> max(1, True)
1
>>> max(True, 1)
True
```

还可以通过 key 参数指定比较依据。经常使用 lambda 函数来制定排序依据（lambda 匿名函数可参见 7.4 章节）。如：

```
>>> L = [[1, 2], "abcdef", (10, 20, 30)]
>>> max(L, key = lambda item: len(item))   ##按L中的每个序列元素中的元素个数排序
'abcdef'
>>> L = [("a", 20), ("b", 30), ("c", 15)]
>>> max(L, key = lambda item: item[1])
('b', 30)
```

通过 min 函数可以获取给定序列的最小值，若有多个元素相等并且同为最小值，则返回第一个最小值，格式为：

```
min(seq, key = func)
```

min 函数的使用方法与 max 函数的使用方法相同。如：

```
>>> L=[("a", 20), ("b", 30), ("c", 15)]
>>> min(L, key = lambda item: item[1])        ##按L中的每个序列元素中下标为1的元素值排列
('c', 15)
```

2. 求和函数 sum

通过 sum 函数可以获取给定序列的元素之和，格式为：

```
sum(seq)
```

其中 seq 为序列的名称。

需注意：使用 sum 函数获取给定序列的元素之和时，序列元素只能是可求和类型，如数值型和逻辑型。例：

```
>>> sum([1.0, 2.5, 3.0])
6.5
>>> sum((1, True))
2
```

3. 匹配方法 index 和 find

通过序列的 index 方法可以返回某元素或子序列在源序列中的位置(下标),格式为:

```
seq.index(elem, startindex, remainindex)
```

即在序列 seq 的下标 startindex 至 remainindex－1 之间查找 elem 元素,并返回其下标。

若缺省 startindex,则默认从下标 0 开始查找;若缺省 remainindex,则默认为查找到序列的最后一个元素。如:

```
>>> s = "hello world"
>>> s.index("o")
4
>>> s.index("o", 5)
7
```

对于字符串,它的 index 方法还可以获取子串在源字符串中的位置。如:

```
>>> s = "hello world"
>>> s.index("ld")
9
```

Python 中除了 index 方法可以实现元素的查找,find 方法也可以,其参数与 index 相同。但要注意,列表类型和元组类型的序列没有 find 方法,因此若对这两类序列进行查找某元素,则需使用 index 方法。如:

```
>>> L = [1,2,3,4]
>>> L.index(2)
1
>>> L.find(2)
Traceback (most recent call last):
  File "<pyshell#12>", line 1, in <module>
    L.find(2)
AttributeError: 'list' object has no attribute 'find'
```

在字符串中找出某子串所在位置,既可以使用 index 方法,也可以使用 find 方法。但若找不到子串,则两个方法的处理方式是不一样的。如:

```
>>> s = "hello world"
>>> s.index("o")
```

```
4
>>> s.find("o")
4
>>> s.index("t")
Traceback (most recent call last):
  File "<pyshell#17>", line 1, in <module>
    s.index("t")
ValueError: substring not found
>>> s.find("t")
-1
```

若源字符串中无待查找之子串,使用 index 方法,则抛出异常,并给出错误提示;使用 find 方法,则返回-1,表示找不到子串。

4. 统计次数方法 count

通过序列的 count 方法可以获取某元素在序列中出现的次数,格式为:

```
seq.count(elem, startindex, remainindex)
```

即在序列 seq 中下标 startindex 至 remainindex-1 之间进行统计 elem 出现的次数。若缺省 startindex,则默认从下标 0 开始统计;若缺省 remainindex,则默认为统计到序列的最后一个元素。如:

```
>>> s = "hello world. hello everyone."
>>> s.count("o")
4
>>> s.count("o",12)
2
>>> L = [1, 2, 3, 2, 2, 3]
>>> L.count(2)
3
```

对于字符串,它的 count 方法还可以获取子串在源字符串中出现的次数。如:

```
>>> s = "hello world. hello everyone."
>>> s.count("hello")
2
```

5. 排序函数 sorted、排序方法 sort

通过 sorted 函数或列表的 sort 方法可以对序列进行排序。sorted 函数返回排序后的序列,而原序列元素次序保持不变;列表调用 sort 方法进行排序,则在原序列上进行排序。

注意:不可变序列——字符串、元组无 sort 方法。

sorted 函数的格式为:

```
sorted(seq, key = func, reverse = False)
```

其中 seq 为序列的名称。

reverse 参数可省略,若省略,按升序排;若 reverse=True,则按降序排。

key 可以缺省,缺省时,若原序列元素为数值,则按数值大小进行排序;若原序列元素是西文字符或汉字,则按字符 ASCII 码或汉字的机内码进行排序;若原序列元素还是序列,则按元素序列下标为 0 的元素进行排序,若下标为 0 的元素相等,则继续按下标为 1 的元素排序……如:

```
>>> L = [12, 34, 20, 19]
>>> sorted(L)
[12, 19, 20, 34]
>>> sorted(L, reverse = True)
[34, 20, 19, 12]
>>> s = "hello"
>>> sorted(s)
['e', 'h', 'l', 'l', 'o']
>>> L = [(12, 34), (20, 12) ,(1, 10), (12, 30), (12, 37)]
>>> sorted(L)
[(1, 10), (12, 30), (12, 34), (12, 37), (20, 12)]
```

通过 key 参数,可以指定排序依据,通常会指定一个函数,序列根据该函数返回的结果进行排序(lambda 匿名函数可参见 7.4 章节,split 方法可参见 3.3.2 小节)。如:

```
>>> L = [("a", 20), ("b", 32), ("c", 24)]
>>> sorted(L, key = lambda item: item[1])
[('a', 20), ('c', 24), ('b', 32)]
>>> s = "Python is a programming language"
>>> sorted(s.split(" "))   ##通过分隔符" "将 s 分离成若干子串构成的序列,并
                             对序列进行排序
['Python', 'a', 'is', 'language', 'programming']
>>> sorted(s.split(" "), key = lambda item: item.lower())
['a', 'is', 'language', 'programming', 'Python']
```

sort 方法的格式为:

```
seq.sort(key = func, reverse = False)
```

其中 seq 为序列的名称,key 和 reverse 参数的使用方法同 sorted 函数。通过调用该方法,可以根据 key 指定的排序依据对原列表进行排序。但由于字符串和元组是不可变序列,不可以直接对原序列进行修改,所以字符串和元组无 sort 方法。如:

```
>>> L = [("a", 20), ("b", 32), ("c", 24)]
>>> L.sort(key = lambda item: item[1])
>>> L
[('a', 20), ('c', 24), ('b', 32)]
```

3.3 字符串

字符串是 Python 中的常见类型，可以通过两端加单引号(')或双引号(")来创建它。例如 'Hello World' 和"Hello Python"均为字符串，此时单引号和双引号的作用完全相同。若字符串中包含单引号，则两端用双引号；若字符串中包含双引号，则两端用单引号；其余情况两者皆可。

字符串属于不可变类型，因此无法直接修改字符串中的某个或某些成员，但可以通过切片连接等操作生成新的字符串。

3.3.1 基本操作

通过赋值语句即可创建一个字符串类型的序列。如：

```
>>> s = ""                    ##创建一个空字符串 s
>>> s = "hello world"         ##创建一个内容为"hello world"的字符串 s
>>> type(s)                   ##查看 s 的类型
<class 'str'>
```

通过单引号或双引号可以标记单行字符串，通过三个单引号(或双引号)可以标记多行内容构成的字符串。如：

```
>>> s = '''Python is a programming language.
I like it.'''
>>> print(s)
Python is a programming language.
I like it.
>>> s
'Python is a programming language. \nI like it.' ##此处的"\n"表示回车换行符
```

反斜杠("\")为转义字符，通常读取字符串内容时，若读到"\"，则继续读取下一个字符，以获取特殊含义。如"\n"表示换行符，"\\"表示反斜杠字符本身，详见表 3.1 所示。

表 3.1 转义字符

转义字符	意义	ASCII 码值(十进制)
\a	响铃	7
\b	回退	8
\f	换页符	12
\n	换行符	10
\r	回车符	13
\t	水平制表符	9

（续表）

转义字符	意义	ASCII码值(十进制)
\v	垂直制表符	11
\\	反斜线字符	92
\'	单引号字符	39
\"	双引号字符	34
\?	问号字符	63
\0	空字符(NULL)	0

通过 del 语句即可删除字符串对象。如：

```
>>> del s
```

字符串是不可修改类型，因此不可直接修改字符串中包含的字符元素。若需插入或删除某元素，则可通过切片连接的方式生成新的字符串再赋值给原对象。如：

```
>>> s = "helloworld"
>>> s = s[:5] + " " + s[-5:]      ##在上例中"hello"和"world"之间增加空格
>>> s
'hello world'
```

字符串进行比较时，若是西文字符，则按其 ASCII 码进行比较，若是汉字，则按其机内码进行比较。如：

```
>>> "Python" > "Language"
True
```

3.3.2 常用函数及方法

1. 转换函数 str

通过 str 函数可以将其他类型转换为字符串类型。格式为：

```
str(obj)
```

其中 obj 为其他类型对象。通过该函数可以将其转换为字符串类型。例：

```
>>> n = 123
>>> str(n)
'123'
>>> b = True
>>> str(n)
'True'
>>> L = [1, 2, 3]
>>> str(L)
'[1, 2, 3]'
```

2. 根据编码获取字符函数 chr

通过 chr 函数可以根据给定的编码获取对应的字符。格式为：

```
chr(n)
```

其中，n 为某字符的编码。通过该函数可以获取对应字符。例：

```
>>> chr(97)
'a'
>>> chr(98)
'b'
>>> chr(65)
'A'
>>> chr(48)
'0'
```

3. 获取字符编码的函数 ord

通过 ord 函数可以获取对应字符的编码。格式为：

```
ord(ch)
```

其中，ch 为某字符。通过该函数可以获取该字符的编码。例：

```
>>> ord('a')
97
>>> ord('b')
98
>>> ord('A')
65
>>> ord('0')
48
```

4. 根据分隔符分离字符串方法 split

通过 split 方法，可以将字符串按指定的分隔符进行分离。格式为：

```
str.split(splitchar)
```

其中，str 为待分离的字符串，splitchar 为分隔符。例：

```
>>> s = "I have a dream"
>>> s.split(" ")
['I', 'have', 'a', 'dream']
>>> s = "12,23,34,10"
>>> s.split(",")
['12', '23', '34', '10']
```

该方法与3.2.5小节所示的join方法互为逆操作。

5. 将所有字母转换为大(小)写方法 upper(lower)

通过upper方法可以返回将所有字母均改为大写的结果字符串，而源字符串本身不改变。格式为：

```
str.upper()
```

其中，str为字符串。通过该函数可以返回其对应的大写结果字符串，str不改变。例：

```
>>> s = "I have a dream"
>>> s.upper()
'I HAVE A DREAM'
>>> s
'I have a dream'
```

通过lower方法可以返回将所有字母均改为小写的结果字符串，而源字符串本身不改变。格式为：

```
str.lower()
```

其中，str为字符串。通过该函数可以返回其对应的小写结果字符串，str不改变。如上例中s的进行如下操作：

```
>>> s.lower()
'i have a dream'
>>> s
'I have a dream'
```

对某字符串调用upper方法和lower方法并不会改变源字符串的内容，只是返回处理后的结果字符串。

6. 判断字符串中字母是否均为大(小)写字母的方法 isupper(islower)

通过isupper方法可以返回字符串中字母是否均为大写。格式为：

```
str.isupper()
```

其中，str为待判断的字符串。通过该函数可以获知该字符串中的字符是否均为大写，若均为大写则返回True，否则返回False。例：

```
>>> "HELLO WORLD".isupper()
True
>>> "HAPPY2018".isupper()
True
>>> "Hello World".isupper()
False
```

通过islower方法可以返回字符串中字母是否均为小写。格式为：

```
str.islower()
```

其中,str 为待判断的字符串。通过该函数可以获知该字符串中的字符是否均为小写,若均为小写则返回 True,否则返回 False。例:

```
>>> "I have a dream".islower()
False
>>> "hello".islower()
True
>>> "happy2018".islower()
True
```

7. 判断字符串是否均由数字构成的方法 isnumeric

通过 isnumeric 函数可以判断出某字符串是否全部由数字组成。格式为:

```
str.isnumeric()
```

其中,str 为待判断的字符串。通过该函数可以获知该字符串中的各字符是否均为数字字符。例:

```
>>> "2018".isnumeric()
True
>>> "happy2018".isnumeric()
False
```

8. 替换方法 replace

通过 replace 方法可以将源字符串中指定字符或子串替换为新的字符或字符串,该方法返回获得的结果字符串,但源字符串内容不变。格式为:

```
str.replace (old, new[, count])
```

其中 str 为源字符串,old 为待替换的字符或字符串,new 为替换后的字符或字符串,count 指定替换几处。如:

```
>>> s = "I have a dream"
>>> s.replace(" ", ",")
'I,have,a,dream'
>>> s
'I have a dream'
>>> s.replace(" ", ",", 2)
'I,have,a dream'
>>> s
'I have a dream'
```

3.3.3 格式化操作

字符串可以通过格式化操作符“%”或 format 方法进行格式化处理。

1. 格式化操作符%

```
spec % value
```

spec 为格式字符串，value 为待格式化的值。如：

```
>>> "%d + %d = %d" % (2, 3, 2 + 3)
'2 + 3 = 5'
>>> "%o" % 10          #将 10 转换为八进制
'12'
```

其中“%”表示转换说明符的开始，“d”表示十进制整数，“o”表示八进制整数。常见格式化转换类型参见表 3.2 所示。

表 3.2 格式说明符

格式说明符	含义
'd'、'i'	十进制整数
'o'	八进制值
'x'	十六进制(小写)
'X'	十六进制(大写)
'e'	浮点数表示法(小写)
'E'	浮点数表示法(大写)
'f'、'F'	十进制浮点数
'c'	单个字符(接受整数或字符串)
'r'	字符串(使用 repr()转换任何 Python 对象)
's'	字符串(使用 str()转换任何 Python 对象)

在这些转换说明符前还可以加上打印宽度。若指定宽度超过字符串宽度，则默认在左边用空格补充至指定宽度；若指定宽度小于字符串宽度，则自动突破，保持源字符串不变。例：

```
>>> "%10s" % "hello"
'     hello'
>>> "%2s" % "hello"
'hello'
```

还可以通过“－”改变其对齐方式，即当宽度不够时，在右侧补空格。例：

```
>>> "%-10s" % "hello"
'hello     '
```

还可以通过“0”指定当宽度不够时用“0”补充。例：

```
>>> "%9d" % 2018
'     2018'
>>> "%09d" % 2018
'000002018'
```

当类型是浮点数时，还可以指定其精度。形如“%m.nf”% num，其中 m 为结果字符串长度，n 为小数点后精确的位数，num 为待格式化的数据。例：

```
>>> "%7.2f" % 3.234
'   3.23'
>>> len("%7.2f" % 3.234)
7
>>> "%-7.2f" % 3.234
'3.23   '
>>> "%08.1f" % 3.234
'000003.2'
```

若是格式化时需要出现“%”，则需用“%%”来表示“%”，以此与转换说明符区分。例：

```
>>> float1 = 0.0367853
>>> "%f 转换为百分数并保留两位小数的结果为 %.2f%%" % (float1, float1 * 
100)
'0.036785 转换为百分数并保留两位小数的结果为 3.68%'
```

该例中“%f”将 float1 输出，“%.2f”表示将 float1 * 100 的结果保留两位小数输出，“%%”表示输出“%”。

2. format 方法格式化

格式化 format 函数的格式为：

```
spec.format(value)
```

spec 为格式字符串，用“{}”表示待传入的参数，“{}”中也可以包含待传入参数的序号或名称。value 为待格式化的值。如：

```
>>> "最高分为{},最低分为{}".format(100, 43)
'最高分为 100,最低分为 43'
>>> "{0} is {1}'s sister. {1} is {0}'s brother.".format("Anna", "Tom")
"Anna is Tom's sister. Tom is Anna's brother."
>>> "{sis} is {bro}'s sister. {bro} is {sis}'s brother.".format(sis = "Anna", 
bro = "Tom")
"Anna is Tom's sister. Tom is Anna's brother."
```

有关 format 的详细使用方法可扫描本章末的二维码获取。

3.4 列表

列表是 Python 中最常用的数据类型之一。列表不同于元组和字符串，它是可变的，可以直接改变列表的元素内容。

3.4.1 基本操作

通过赋值语句即可创建一个列表类型的序列。如：

```
>>> L = []                          ## 创建一个空列表 L
>>> L = [1, 2, 3]                   ## 创建一个包含元素 1,2,3 的列表 L
>>> type(L)                         ## 查看 L 的类型
<class 'list'>
```

通过 del 语句即可删除列表对象或列表的元素。如对上例进行如下操作：

```
>>> del L[1]
>>> L
[1, 3]
>>> del L
>>> L
Traceback (most recent call last):
  File "<pyshell#89>", line 1, in <module>
    L
NameError: name 'L' is not defined
```

可以看出 del 语句不仅可以删除整个列表对象，还可以删除列表的元素。

列表是可变类型，因此可以直接修改其元素，可以通过赋值语句直接修改。例：

```
>>> L = [11, 22, 33, 44, 55]
>>> L[2] = 0
>>> L
[11, 22, 0, 44, 55]
>>> L[1:3] = [2]
>>> L
[11, 2, 44, 55]
```

3.4.2 常用函数及方法

1. 转换函数 list

字符串和元组属于不可改变类型，所以经常需将它们转换为可变类型列表来进行修改，通过 list 函数，可以获取将其他序列类型转换为列表类型的结果列表，源序列内容不变。格式为：

```
list(seq)
```

其中，seq 为字符串或元组类型。通过该函数，可以获取将 seq 转换为列表类型的结果列表。如：

```
>>> s = "hello"
>>> list(s)
['h', 'e', 'l', 'l', 'o']
>>> s
'hello'
>>> t = (10, 20, 30)
>>> list(t)
[10, 20, 30]
>>> t
(10, 20, 30)
```

从上面例子中可以看出，list 函数本身返回转换后的列表，但源序列的类型及内容均保持不变。

2. 生成序列函数 range

通过 list 和 range 函数可以生成一个数值序列。range 函数的格式为：

```
range(start, stop[, step])
```

其中，start 表示产生的序列元素范围的起始值，stop 表示产生的序列元素范围的终止值(不包括该值)，step 表示产生的序列元素范围的步长值，即增量。例：

```
>>> list(range(10))        ##产生[0,9]之间的整型数值构成的序列
[0, 1, 2, 3, 4, 5, 6, 7, 8, 9]
>>> list(range(10, 20))    ##产生[10,19]之间的整型数值构成的序列
[10, 11, 12, 13, 14, 15, 16, 17, 18, 19]
>>> list(range(1, 20, 3)) ##产生 3n+1 数值构成的序列，其中 n 为整数且
                                    1≤3n+1<20
[1, 4, 7, 10, 13, 16, 19]
```

3. 追加元素方法 append

通过 append 方法可以在列表末尾追加新元素。格式为：

```
list.append(object)
```

其中，list 为源列表，object 为待添加至列表末尾的新元素。例：

```
>>> L = [1, 2, 3]
>>> L.append(4)
>>> L
```

```
[1, 2, 3, 4]
>>> L.append([1, 2])
>>> L
[1, 2, 3, 4, [1, 2]]
```

4. 插入元素方法 insert

通过 insert 方法可以将元素插入在列表的指定位置。格式为：

```
list.insert(index, object)
```

其中，list 为源列表，index 指定插入的下标位置，object 为待插入列表的新元素。例：

```
>>> L = [10, 20, 30, 40]
>>> L.insert(1, 15)
>>> L
[10, 15, 20, 30, 40]
```

该例在列表 L 的下标为 1 的位置插入 15。该操作也可以通过切片赋值来完成。如：

```
>>> L = [10, 20, 30, 40]
>>> L[1:1] = [15]
>>> L
[10, 15, 20, 30, 40]
```

5. 根据元素位置移除元素方法 pop

通过 pop 方法可以移除列表中的某元素，并返回该元素的值。格式为：

```
list.pop([index])
```

其中，list 为源列表，index 为待移除元素的下标，该参数可以缺省，默认为移除最后一个元素。例：

```
>>> L = [12, 23, 34, 45]
>>> L.pop()
45
>>> L
[12, 23, 34]
>>> L.pop(0)
12
>>> L
[23, 34]
```

该函数方法与 append 方法互为逆操作。

6. 根据元素值移除元素方法 remove

通过 remove 方法可以根据元素值来移除对应元素，但一次只能删除一个元素。格式为：

```
list1.remove(value)
```

其中，list为源列表，value为待移除元素的值。调用该方法一次只能删除一个值为value的元素。例：

```
>>> L = [1, 2, 3, 2, 1]
>>> L.remove(2)
>>> L
[1, 3, 2, 1]
>>> L.remove(2)
>>> L
[1, 3, 1]
```

7. 反向方法 reverse

通过reverse方法可以将列表元素逆序。格式为：

```
list.reverse()
```

其中，list为源列表。该方法可以将列表改变为元素顺序跟原列表元素顺序相反的列表。例：

```
>>> L = [12, 23, 34, 45]
>>> L.reverse()
>>> L
[45, 34, 23, 12]
```

8. 其他函数及方法

数值列表经常要进行获取其元素和、最大值或进行排序操作，获取元素和sum函数、最大值max函数、排序sorted函数、排序方法sort的使用可参见3.2.7小节。

3.5 元组

元组也是序列的一种，它的两端用“()”表示，它与列表类似，不过列表为可变类型，而元组为不可变类型。简单来说，即不可以直接修改元组的元素，因此，很多列表有的方法、操作，元组没有。

如列表有sort方法，而元组没有。因为sort方法修改了原序列，而元组不可修改，所以元组没有sort方法。若想获取元组最大或最小的几个元素，最快的方法还是排序，虽不能直接用sort方法来排序，但可以通过sorted函数来获取排序后的结果，源元组保持不变。例：

```
>>> t = (19, 28, 20, 16, 26)
>>> t.sort()
Traceback (most recent call last):
```

```
  File "<pyshell#64>", line 1, in <module>
    t.sort()
AttributeError: 'tuple' object has no attribute 'sort'
>>> sorted(t)
[16, 19, 20, 26, 28]
>>> t
(19, 28, 20, 16, 26)
```

元组中的元素不能修改。若实际应用中确实要修改,可以通过切片及连接操作生成一个新的元组。例:

```
>>> t = (1, 2, 3, 4)
>>> t[2] = 30
Traceback (most recent call last):
  File "<pyshell#68>", line 1, in <module>
    t[2] = 30
TypeError: 'tuple' object does not support item assignment
>>> t = t[:2] + (30, ) + t[3:]
>>> t
(1, 2, 30, 4)
```

因为元组是不可变类型,所以执行“t[2]=30”语句后报错,而“t=t[:2]+(30,)+t[3:]”语句虽说可以使得t变为(1, 2, 30, 4),但此操作是让t指向一个新元组,而该新元组是由几个元组连接而得的结果。下面给出的两个例子,可以看出可变和不可变类型的区别。例:

```
>>> L = [1, 2, 3, 4]
>>> id(L)
52382728
>>> L[2] = 30
>>> L
[1, 2, 30, 4]
>>> id(L)
52382728
```

id(object)返回object对象在内存中的地址,由操作前后L在内存中的地址可以看出这是同一个对象。它通过“L[2]=30”语句对列表L的元素进行了修改。再例:

```
>>> t = (1, 2, 3, 4)
>>> id(t)
52491592
>>> t = t[:2] + (30, ) + t[3:]
```

```
>>> t
(1, 2, 30, 4)
>>> id(t)
52474168
```

此例中,“t = t[:2] + (30,) + t[3:]”语句,并不是将原元组的元素进行了修改,从操作前后元组 t 在内存中的地址可以看出操作前后并不是同一个对象。也就是说,元组本身不可修改,因此通过切片及连接操作生成了新的元组对象赋值给了 t。

上例中,“(30,)”表示仅含有一个元素 30 的元组,此处要注意的是,它跟列表不同,列表“[30]”表示仅含有一个元素 30 的列表。“(30)”表示数值 30,为了避免冲突,因此若表示仅含有一个元素 30 的元组,则必须在 30 后增加一个英文逗号,此逗号不能省略。

3.6 相关标准库 string 模块

string 模块提供一些字符串相关的常量及函数。使用时需先导入该模块,即执行“import string”语句。本小节主要介绍该模块的使用方法。

1. 常量

(1) string. whitespace

返回 ASCII 字符集中所有的空白字符构成的字符串,即制表符、回车符、换行符等等。如:

```
>>> import string
>>> string.whitespace
' \t\n\r\x0b\x0c'
```

(2)string. ascii_lowercase

返回 ASCII 字符集中所有的小写字母构成的字符串。如:

```
>>> string.ascii_lowercase
'abcdefghijklmnopqrstuvwxyz'
```

注意,在 Python2 中,此常量名非 ascii_lowercase,而是 lowercase。

(3) string. ascii_uppercase

返回 ASCII 字符集中所有的大写字母构成的字符串。如:

```
>>> string.ascii_uppercase
'ABCDEFGHIJKLMNOPQRSTUVWXYZ'
```

注意,在 Python2 中,此常量名非 ascii_uppercase,而是 uppercase。

(4) string. ascii_letters

返回 ASCII 字符集中所有的字母构成的字符串。如:

```
>>> string.ascii_letters
'abcdefghijklmnopqrstuvwxyzABCDEFGHIJKLMNOPQRSTUVWXYZ'
```

注意，在 Python2 中，此常量名非 ascii_letters，而是 letters。

(5) string. digits

返回 ASCII 字符集中所有的数字构成的字符串。如：

```
>>> string.digits
'0123456789'
```

(6)string. hexdigits

返回 ASCII 字符集中所有的十六进制数字构成的字符串。如：

```
>>> string.hexdigits
'0123456789abcdefABCDEF'
```

(7)string. octdigits

返回 ASCII 字符集中所有的八进制数字构成的字符串。如：

```
>>> string.octdigits
'01234567'
```

(8)string. punctuation

返回 ASCII 字符集中所有的标点符号构成的字符串。如：

```
>>> string.punctuation
'!"#$%&\'()*+,-./:;<=>?@[\\]^_`{|}~'
```

(9)string. printable

返回 ASCII 字符集中所有可打印字符构成的字符串。如：

```
>>> string.printable
'0123456789abcdefghijklmnopqrstuvwxyzABCDEFGHIJKLMNOPQRSTUVWXYZ!"#$%&\'()*+,-./:;<=>?@[\\]^_`{|}~ \t\n\r\x0b\x0c'
```

2. 函数

string 模块中提供了模板函数 Template，通过该函数设置字符串模板后，即可通过该模板的 substitute 方法控制字符串的格式化内容。

如：

```
>>> import string
>>> s = string.Template("${name}的成绩是${score}")
>>> print(s.substitute(name = "李明",score = 90))
李明的成绩是90
>>> s.substitute(name = "李明")
Traceback (most recent call last):
  File "<pyshell#29>", line 1, in <module>
    s.substitute(name="李明")
```

```
  File "C:\Users\engsmm\AppData\Local\Programs\Python\Python36\lib\string.py", line 130, in substitute
    return self.pattern.sub(convert, self.template)
  File "C:\Users\engsmm\AppData\Local\Programs\Python\Python36\lib\string.py", line 123, in convert
    return str(mapping[named])
KeyError: 'score'
```

通过模板函数 Template 若规定了两个键,可是调用 substitute 方法时却只给出一个键对应的值,则会报错。

本章小结

本章节介绍了序列最常用的三种类型:字符串、列表、元组。其中,列表为可变类型,而字符串与元组为不可变类型。

本章节着重介绍了三种类型常用的函数、方法以及切片等操作。

1. 字符串

本章节介绍的字符串常用函数有:

获取长度 len;获取编码最大字符 max;获取编码最小字符 min;按编码进行排序 sorted;转换函数 str;获取字符 chr;获取编码 ord。

本章节介绍的字符串常用方法有:

模式匹配 index 或 find;统计次数 count;根据分隔符分离字符串 split;字母转大写 upper;字母转小写 lower;判断是否字母全大写 isupper;判断是否字母全小写 islower;判断是否均有数字构成 isnumeric;替换 replace。

本章节介绍的字符串常见操作有:

索引与切片操作;关系操作;连接操作;重复操作;利用格式化操作符%格式化;利用 format 方法格式化。

2. 列表

本章节介绍的列表常用函数有:

获取长度 len;获取最大元素 max;获取最小元素 min;求和 sum;排序函数 sorted;转换函数 list;生成序列 range。

本章节介绍的列表常用方法有:

列表合并 extend;查找元素下标 index;统计元素出现次数 count;排序方法 sort;追加元素 append;插入元素 insert;根据下标移除元素 pop;根据值移除元素 remove;反向方法 reverse。

本章节介绍的列表常见操作有:

索引与切片操作;关系操作;连接操作;重复操作。

3. 元组

元组的使用跟列表很相似,但元组是不可变类型。

本章节介绍的元组常用函数有：

获取长度 len；获取最大元素 max；获取最小元素 min；求和 sum；排序函数 sorted。

本章节介绍的元组常用方法有：

查找元素下标 index；统计元素出现次数 count。

本章节介绍的元组常见操作有：

索引与切片操作；关系操作；连接操作；重复操作。

本章节还介绍了相关标准库 string 模块中常用的常量与函数。

习 题

一、选择题

1. 序列由有序排列的多个成员组成，以下类型不是序列的是________。

A. 字符串　　B. 列表　　C. 元组　　D. 字典

2. 以下有关列表的叙述中，错误的是________。

A. 列表是可变的　　B. 列表中的元素必须是同一类型

C. 列表中的元素可以是列表　　D. 列表是一个序列

3. 已知 a="abcdef"，执行语句“r=a[:-1]”后，r 的值为________。

A. "f"　　B. "abcdef"　　C. "fedcba"　　D. "abcde"

4. 下列能删除字符串 s="ab23cd"中数字的语句________。

A. del s[2:4]　　B. s[2:4]=[]

C. s=s[0:2]+s[-2:]　　D. s[2:4]=""

5. 语句 print('%c, %c' % ('a', 98))执行后，显示的结果为________。

A. a, 9　　B. a, b　　C. 9, 8　　D. a, 98

二、选择题

1. 对于列表 list1=[2,4,6,8,10,12]，list1[1::2]的结果为________。

2. 表达式 '%-10s' % '12345' 的值为________。

3. [2,3] in [1,2,3,4]的结果为________。

4. 对于列表 a=[[1],(2,3),45,"67"]，表达式 len(a)的值为________。

5. 表达式"12" * 3 的值为________。

【微信扫码】
源代码 & 相关资源

第4章 字典与集合

4.1 概述

序列是有序排列的多个成员的集合，包括字符串、列表和元组。序列的成员可以通过下标偏移量来访问，这个下标必须是整数；但是很多情况下，需要通过学号来访问学生的信息，通过姓名来获取电话号码，通过数字来获取文章中出现次数相同的单词等等，此时应用字典往往更直观。对字典中的值的访问形式类似于序列中对成员的访问，例如要在字典 Tel 中获取“张三”的电话号码，即为 Tel["张三"]。在字典中，方括号中类似序列中的“下标”为字典的键，它可以是字符串、整数、元组等多种类型。

字典是一种映射类型，其中的对象是由键和值组成，每个键都映射到一个值上，称为一个键值对(key－value pair)，或称为一项(item)。例如 dict1＝{"1"："one","2"："two","3"："three","4"："four"},"1"是键,"one"是值;dict2＝{ },dict2 不包含任何项，表示一个空字典。字典中的每个元素(项)的键是互不相同的，是唯一的，而值并不唯一。字典是一种可变类型，可以进行添加、删除或修改操作，但字典中的值可以修改，键则不可修改，并且键只能是不可变类型对象，因此列表、字典和集合不能作为字典的键。字典的值则无此限制。

对字典的访问形式类似于列表，但列表是有序的，字典是无序的，在字典中，创建和打印出来的键值对的顺序往往并不相同；在列表中，下标必须是整数，而在字典中，“下标”是字典的某个键。

集合是由一组无序排列的非重复对象组成的，分为可变集合和不可变集合。集合中的元素都必须是不可变数据类型，因此列表、字典和集合等可变数据类型不能作为集合的元素。Python 中的集合类型与数学中的集合类似，集合之间可以进行并、交、差等集合运算，如表 4.1 所示。

表 4.1 Python 集合运算符与数学中集合运算符对照表

说明	属于	不属于	等于	不等于	真子集	子集	交	并	差	对称差分
数学符号	∈	∉	=	≠	⊂或⊃	⊆或⊇	∩	∪	-或\	Δ
Python 运算符	in	not in	==	!=	<或>	≤或≥	&	|	-	^

集合中不允许有重复的对象,因此可以作为一种去重手段。

4.2 字典

4.2.1 字典的创建

可以直接对变量赋值,创建一个字典对象。如:

```
>>> dict2 = {}
>>> dict2
{}
>>> dict1 = {"name": "Tom", "age":18, "sex":"Male"}
>>> dict1
{'age': 18, 'name': 'Tom', 'sex': 'Male'}
```

这时你会发现,输出时键值对的顺序与创建时键值对的顺序并不相同,这是因为字典是无序的。

可以使用函数 dict()新建一个不包含任何项的空字典或将包含双元素子序列的序列转换为字典。如:

```
>>> dict3 = dict()
>>> dict3
{}
>>> dict4 = dict((["x", 1], ["y", 2]))
>>> dict4
{'y': 2, 'x': 1}
>>> dict5 = dict([("a", 1), ("b", 2),( "c",3)])
>>> dict5
{'a': 1, 'c': 3, 'b': 2}
>>> dict6 = dict(["a1", "b2","c3"])
>>> dict6
{'a': '1', 'c': '3', 'b': '2'}
```

可以用 dict 函数将形如 name=value 的赋值语句形式转换为字典。如:

```
>>> dict(a = 1,b = 2,c = 3)
{'a': 1, 'b': 2, 'c': 3}
```

还可以用dict函数和zip函数来创建字典。如：
下面是将两个列表转换为字典。

```
>>> dict(zip(["a", "b", "c"], [1, 2, 3]))
{'a': 1, 'b': 2, 'c': 3}
```

下面是将两个字符串或其他序列转换为字典。

```
>>> dict(zip("abc", "123"))
{'a': '1', 'b': '2', 'c': '3'}
>>> dict(zip("abc", range(1,4)))
{'a': 1, 'b': 2, 'c': 3}
```

4.2.2 字典的访问

字典通过键来访问或查找对应的值。如：

```
>>> dict1 = {"name": "Tom", "age":18, "sex":"Male"}
>>> dict1["name"]
'Tom'
```

如果一个键不在字典中,会得到一个异常。如：

```
>>> dict1["address"]
Traceback (most recent call last):
  File "<pyshell#1>", line 1, in <module>
    dict1["address"]
KeyError: 'address'
```

也可以通过for语句遍历整个字典的键,输出键和对应的值。因为字典是无序的,所以键的出现没有特定顺序。如：

```
for key in dict1:                    ## key为变量名
    print(key, dict1[key])
```

结果显示如下：

```
age 18
name Tom
sex Male
```

in操作符用在字典上,是判断键是否存在于字典中;not in操作符判断键是否不存在于字典中。如：

```
>>> "name" in dict1
True
>>> "Tom" in dict1
```

```
False
>>> "Tom" not in dict1
True
```

len 函数用在字典上，返回键值对的数量。如：

```
>>> len(dict1)
3
```

4.2.3 字典的添加

向字典添加一个新的键值对，只要将值赋给“字典名[键]”即可。如：

```
>>> dict1 = {"name": "Tom", "age":18, "sex": "Male"}
>>> dict1["Address"] = "B105"
>>> dict1
{'name': 'Tom', 'age': 18, 'sex': 'Male', 'Address': 'B105'}
```

4.2.4 字典的修改

字典中的键是没有重复的，当给一个已存在的“字典名[键]”赋值，就是修改这个键所对应的值了。如：

```
>>> dict1 = {"name": "Tom", "age":18, "sex":"Male"}
>>> dict1["name"] = "Jerry"
>>> dict1
{'name': 'Jerry', 'age': 18, 'sex': 'Male'}
```

4.2.5 字典的删除

del 可以删除一个指定键值对，也可以删除所有键值对，还可以删除整个字典。如：

```
>>> dict1 = {"name": "Tom", "age":18, "sex": "Male"}
>>> del dict1["name"]
>>> dict1
{'age': 18, 'sex': 'Male'}
```

clear 方法清除字典里所有的项。如：

```
>>> dict1.clear()
>>> dict1
{}
```

下面是删除整个字典：

```
>>> del dict1
>>> dict1
```

```
Traceback (most recent call last):
  File "<pyshell#7>", line 1, in <module>
    dict1
NameError: name 'dict1' is not defined
```

出错原因是字典已被删除,不存在了,无法输出。

4.2.6 常用内建方法

使用 keys()可以获得字典中的所有键。Python 3 中该方法返回 dict_keys(),称为键的 view 视图,它是键的迭代形式,这种形式不需要时间和空间来创建返回的列表,对大型的字典非常有用。用 list()函数可得到相应列表。如:

```
>>> dict1 = {"name": "Tom", "age":18, "sex":"Male"}
```

下面是返回键的迭代形式:

```
>>> dict1.keys()
dict_keys(['name', 'age', 'sex'])
```

下面是判断键是否存在:

```
>>> "age" in dict1.keys()
True
```

下面是返回键的列表:

```
>>> list(dict1.keys())
['name', 'age', 'sex']
```

同理,使用 values()方法可以获得字典中的所有值。
下面是值的迭代形式:

```
>>> dict1.values()
dict_values(['Tom', 18, 'Male'])
```

下面是值的列表:

```
>>> list(dict1.values())
['Tom', 18, 'Male']
```

使用 items()方法可以获得字典中的所有项(即键值对)。如:

```
>>> dict1.items()
dict_items([('name', 'Tom'), ('age', 18), ('sex', 'Male')])
```

下面是(键,值)对的列表:

```
>>> list(dict1.items())
[('name', 'Tom'), ('age', 18), ('sex', 'Male')]
```

使用 items()，可以用 for 语句遍历字典中的键和值。如：

```
for k,v in dict1.items():
    print(k,v)
```

结果显示如下：

```
name Tom
age 18
sex Male
```

使用 update()方法可以修改字典，将一个字典 A 的键值对复制到另一个字典 B 中去。如果 A 字典中的某个键与 B 字典中的某个键相同，则为修改 B 字典相应键所对应的值；否则把 A 字典的所有键值对添加到 B 字典中。如：

```
>>> dict1 = {"name":"Tom", "age":18, "sex":"Male"}
>>> dict2 = {"name":"John"}
>>> dict1.update(dict2)
>>> dict1
{'name': 'John', 'age': 18, 'sex': 'Male'}
>>> dict3 = {"address":"B105","Tel":"666666"}
>>> dict1.update(dict3)
>>> dict1
{'name': 'John', 'age': 18, 'sex': 'Male', 'address': 'B105', 'Tel': '666666'}
```

使用 update()方法还可以将一个元组列表中的元素作为键值对添加到字典中。如：

```
>>> lst = [("email","John@Python.org")]
>>> dict1.update(lst)
>>> dict1
{'name': 'John', 'age': 18, 'sex': 'Male', 'Tel': '666666', 'email': 'John@Python.
org'}
```

使用 copy()方法复制一个已有字典的内容到新的字典中，如果已有字典被修改，新字典不会跟着变化。如：

```
>>> dict1 = {"name": "Tom", "age":18, "sex":"Male"}
>>> dict2 = dict1.copy()
>>> dict2
{'name': 'Tom', 'age': 18, 'sex': 'Male'}
```

下面语句执行后 dict1 被修改了。

```
>>> dict1["name"] = "Mike"
>>> dict1
{'name': 'Mike', 'age': 18, 'sex': 'Male'}
```

字典 dict2 没有随之改变。

```
>>> dict2
{'name': 'Tom', 'age': 18, 'sex': 'Male'}
```

注意:直接用"="赋值方法复制的字典会随着已有字典的修改而变化。如:

```
>>> dict1 = {"name": "Tom", "age":18, "sex":"Male"}
>>> dict2 = dict1
>>> dict1["name"] = "Mike"
>>> dict1
{'name': 'Mike', 'age': 18, 'sex': 'Male'}
>>> dict2
{'name': 'Mike', 'age': 18, 'sex': 'Male'}
```

使用 get(key[, default])方法,可以根据键查询返回对应的值,形如 D. get(k[,d]),D 为字典名,k 为键,d 为默认值。如果键存在于字典中,返回对应的值;如果键不存在,不会出错,只是没有返回值,若定义了默认值,则返回默认值。如:

```
>>> dict1 = {"name": "Tom", "age":18, "sex":"Male"}
>>> dict1.get("name")
'Tom'
```

若键存在,返回键对应的值,不会返回默认值。

```
>>> dict1.get("name","Mike")
'Tom'
```

若键"tel"不存在,则无返回值,不会出错。

```
>>> dict1.get("tel")
```

若键 'tel' 不存在,有默认值参数,则返回默认值。

```
>>> dict1.get("tel","868686")
'868686'
```

使用 pop(key[, default]) 方法,可以移除某个键值对。如果键 key 在字典中,则将其移除并返回其值,否则返回默认值 default。如果未给定默认值且字典中没有该键,则会引发 KeyError。

```
>>> dict1 = {"name": "Tom", "age":18, "sex":"Male"}
>>> dict1.pop("age")
18
>>> dict1
{'name': 'Tom', 'sex': 'Male'}
```

若键不在字典中,返回默认值。

```
>>> dict1.pop("address","B105")
'B105'
```

若键不在字典中,且未给出默认值,会出错。

```
>>> dict1.pop("address")
Traceback (most recent call last):
  File "<pyshell#28>", line 1, in <module>
    dict1.pop("address")
KeyError: 'address'
```

使用popitem()方法,可以从字典中删除并返回任意(键,值)对。如果字典为空,则将引发KeyError。

```
>>> dict1 = {"name":"Tom", "age":18, "sex":"Male"}
>>> dict1.popitem()
('sex', 'Male')
>>> dict1.popitcm()
('age', 18)
>>> dict1.popitem()
('name', 'Tom')
>>> dict1
{}
>>> dict1.popitem()
Traceback (most recent call last):
  File "<pyshell#34>", line 1, in <module>
    dict1.popitem()
KeyError: 'popitem(): dictionary is empty'
```

使用setdefault(key[, default]) 方法,可以在字典中插入一个新的键值对。
若键不在字典中,有default参数,是插入一个新键值对,并返回其键对应的值。如:

```
>>> dict1 = {"name": "Tom", "age":18, "sex":"Male"}
>>> dict1.setdefault("address","B105")
'B105'
>>> dict1
{'name': 'Tom', 'age': 18, 'sex': 'Male', 'address': 'B105'}
```

若键不在字典中,没有default参数,则插入一个新键值对,其键所对应的值为None。

```
>>> dict1 = {"name": "Tom", "age":18, "sex":"Male"}
>>> dict1.setdefault("address")
>>> dict1
{'name': 'Tom', 'age': 18, 'sex': 'Male', 'address': None}
```

若键在字典中,则返回该键所对应的值。

```
>>> dict1.setdefault("address")
'B105'
```

4.2.7 字典应用举例

1. 用字典作为计数器

假设给定一个字符串,现在需要统计其中出现了哪些字符以及字符出现的次数,有多种方法实现:可以用变量做计数器,需要创建若干个变量,显然这种方法不可取;可以用列表,需要创建两个列表,一个列表保存字符,一个列表保存字符的个数;也可以用字典,以字符为键,以字符出现的次数为相应的值。第一次遇到某个字符时,在字典中添加形如"字符:1"的项,之后遇到可以在某字符键所对应的值上加 1。代码参见 4.2.1_CountExample1. py:

```
st = "apple"
dict1 = dict()
for ch in st:
    if ch not in dict1:
        dict1[ch] = 1          ## 在字典中添加形如 "字符":1 的键值对
    else:
        dict1[ch] += 1         ## 在某字符键所对应的值上加 1
print(dict1)
```

运行结果:

```
{'a': 1, 'p': 2, 'l': 1, 'e': 1}
```

现在如果想通过字符出现的频次来获取相应字符,可以将上述字典 dict1 反转,得到结果为{1: ['a', 'l', 'e'], 2: ['p']}。代码参见 4.2.2_CountExample2. py:

```
dict2 = {}
for key in dict1:
    value = dict1[key]
    if value not in dict2:
        dict2[value] = [key]
    else:
        dict2[value] += [key]
print(dict2)
print (dict2[1])      ##打印出现 1 次的字符
```

运行结果:

```
{1: ['a', 'l', 'e'], 2: ['p']}
['a', 'l', 'e']
```

前面提到，字典是可变类型。字典中值是可变类型，键为不可变类型。由于列表是可变类型，因此可以作为字典中的值，但不能作为键。如：

```
>>> lst = ["a", "l", "e"]
>>> d = {}
>>> d[lst] = 1
Traceback (most recent call last):
  File "<pyshell#53>", line 1, in <module>
    d[lst]=1
TypeError: unhashable type: 'list'
```

思考：如果把 lst=["a", "l", "e"]换成 lst=("a", "l", "e")会出错吗？

2. 用字典实现登录操作。

程序的功能为：1. 创建用户；2. 用户登录；3. 退出。首先创建一个名为 Users 的空字典，然后当选择 1 时，通过键盘输入用户名和密码，如用户名不在字典里，要向字典 Users 增加一个新的键值对，即(用户名：密码)，例如：{"aa"：'111111'，"bb"：'222222'}；当选择 2 时，通过键盘输入用户名，接下来判断用户名是否在字典里，如果存在此用户名，继续输入密码，这时判断用户名(即键)所对应的密码(即值)是否正确，密码输入正确则登录成功；当选择 3 时，退出。代码参见 4.2.3_LoginExample.py：

```
##功能:1. 创建用户 2. 用户登录 3. 退出
prompt = "请选择相应的操作：1. 创建用户  2. 用户登录 3. 退出\n"
Users = {}
while True:
    iType = input(prompt)
    if iType == "1":                    ## 1. 创建用户
        while True :
            sUser = input("请输入相应的用户名(输入#表示结束):")
            if sUser == "#":
                break
            sPsw = input('请输入相应的密码:')
            if sUser not in Users:
                Users[sUser] = sPsw     ##增加一个新的键值对(即用户名:密码)
    elif iType == "2":                  ## 2. 用户登录
        while True:
            sUser = input("请输入相应的用户名(输入#表示结束):")
            if sUser == "#":
                break
            if sUser in Users:
                sPsw = input("请输入相应的密码:")
```

```
            if Users[sUser] == sPsw:
                print ("登录成功!")
            else:
                print ("您输入的密码错误!")
        else:
            print ("您输入的用户不存在!")
    else:           ## 3. 退出
        break
```

思考:如果程序增加一个修改密码的新功能(要求:1. 验证用户是否存在 2. 原密码是否正确 3. 新输入的两次密码是否相同),程序将怎样完善?

4.3 集合

4.3.1 集合的创建

集合分为可变集合和不可变集合。使用 set()函数创建可变集合,或使用大括号{},将一组用逗号分隔的值括起来创建可变集合。如:

```
>>> s = set()
>>> s
set()
>>> s1 = {12,13}
>>> s1
{12, 13}
```

注意:{}表示一个空字典,set()表示空集合。如:

```
>>> type(set())
<class 'set'>
>>> type({})
<class 'dict'>
```

使用 set()函数还可以将其他类型转换为可变集合。如:

```
>>> s1 = set([1,2,3,4,5,6,1,2])          ##将列表转换为集合,并去掉重复元素
>>> s1
{1, 2, 3, 4, 5, 6}
>>> s2 = set("apple")
>>> s2
{'a', 'p', 'l', 'e'}
>>> s3 = set(("one","two","three"))
```

```
>>> s3
{'three', 'one', 'two'}
>>> s4 = set({1: "one",2: "two",3: "three"})
>>> s4
{1, 2, 3}
```

使用 frozenset()函数创建不可变集合。如：

```
>>> t = frozenset()
>>> t
frozenset()
>>> type(t)
<class 'frozenset'>
>>> t = frozenset("school")
>>> t
frozenset({'o', 'h', 's', 'c', 'l'})
```

集合中的元素必须为不可变数据类型，即元素不能为列表、字典或集合。如：

```
>>> s5 = {1,2,3,[1,2,4]}
TypeError: unhashable type: 'list'
>>> t = frozenset([1,2,3,{1,2,4}])
TypeError: unhashable type: 'set'
```

4.3.2　集合运算及常用内置方法函数

集合类型的并(|)、交(&)、差(-)运算同数学中的一样。差运算不满足交换律。如：

```
>>> s1 = set("cheeseshop")
>>> s2 = set("fishshop")
>>> s1|s2
{'o', 'f', 'e', 'h', 'p', 's', 'c', 'i'}
>>> s1&s2
{'s', 'h', 'p', 'o'}
>>> s1 - s2      ##元素只属于集合 s1,不属于集合 s2
{'e', 'c'}
>>> s2 - s1      ##元素只属于集合 s2,不属于集合 s1
{'f', 'i'}
```

使用 in 或 not in 操作符测试值是否存在于集合。如：

```
>>> s = set("apple")
>>> s
{'a', 'p', 'l', 'e'}
```

```
>>> "a" in s
True
>>> "a" not in s
False
```

操作符==或！=：判断集合 t 等于或不等于集合 s。如：

```
>>> s = {1,2,3,4,5,6}
>>> t = {1,2,3}
>>> t == s
False
>>> t!= s
True
```

操作符<=或>=：判断集合 t 是集合 s 的子集，用表达式 t<=s 或 s>=t。如：

```
>>> s = {1,2,3,4,5,6}
>>> t = {1,2,3}
>>> t <= s
True
>>> s >= t
True
>>> {1,2,3,4,5,6} <= s
True
```

操作符<或>：判断集合 t 是集合 s 的真子集，用表达式 t<s 或 s>t。如：

```
>>> s = {1,2,3,4,5,6}
>>> t = {1,2,3}
>>> t < s
True
>>> s > t
True
>>> {1,2,3,4,5,6} < s
False
```

操作符^：s^t 表示该集合中的元素，是只属于集合 s 或者集合 t 的成员，不能同时属于两个集合。如：

```
>>> s = set("cheeseshop")
>>> t = set("fishshop")
>>> s
{'s', 'o', 'e', 'h', 'p', 'c'}
>>> t
```

```
{'s', 'o', 'f', 'h', 'p', 'i'}
>>> s^t
{'e', 'f', 'i', 'c'}
```

使用 add()方法向集合中添加一个元素。如：

```
>>> s = {1,2,3,4,5}
>>> s.add(6)
>>> s
{1, 2, 3, 4, 5, 6}
```

使用 update()方法更新集合，可以向集合中添加一个序列的元素。如：

```
>>> s.update ([6,7,8])
>>> s
{1, 2, 3, 4, 5, 6, 7, 8}
```

使用 remove()方法可以从集合中删除一个元素，如果删除一个不存在的元素会报错。如：

```
>>> s.remove(1)
>>> s
{2, 3, 4, 5, 6, 7, 8}
>>> s.remove(9)
KeyError: 9
```

使用 len()函数返回集合元素的个数。如：

```
>>> len(s)
7
```

思考：怎样输出 10 个无重复的且按从小到大排好序的两位随机整数？

本章小结

本章通过举例介绍了字典和集合的主要操作、内置方法函数及相关应用。

字典是用大括号{}定界的，其中每一个元素（项）称为一个键值对，形如“键：值”。不包含任何元素的字典，表示一个空字典。字典中的每个元素的键是互不相同的。字典是可变类型，可以添加、删除或修改其中的键值对，但其中的值是可以修改的，键是不可修改的，键只能是不可变类型对象。对字典的访问类似于列表，但列表是有序的，字典是无序的，创建和打印出来的键值对的顺序往往并不相同，不能对字典本身排序，但可以分别对它的键 keys()列表、值 values()列表和项 items()列表排序；在列表中，下标必须是整数，而在字典中，下标是字典的某个键。

集合就像舍弃了值，仅剩下键的字典（不允许重复的键），也是用大括号{}来定界的。注意：{}仅表示空字典。集合是由一组无序排列的非重复对象组成的。集合中的元素都必须是不可变数据类型，可以是整数、字符串、元组等，因此列表、字典和集合作为可变数据类型不能作为集合的元素。Python 中的集合类型与数学中的集合类似，集合之间可以进行并、交、差等集合运算。集合中不允许有重复的对象，因此可以作为一种去重方式。Python 中的集合分为可变集合 set 和不可变集合 frozenset，本章主要介绍了可变集合 set 的用法，如没有特殊说明，集合特指可变集合 set。

习 题

编程题

1. 创建一个名为 d2e 的个位数字与英文对照的字典并打印出来。例如，0 是"zero"，1 是"one"，2 是"two"……

2. 在字典 d2e 中查找并打印出数字 5 对应的英文单词。

3. 颠倒字典 d2e 中的键和值创建一个新字典 e2d，打印字典 e2d。

4. 将字典 e2d 中的所有英文单词创建成一个集合 s，并打印出来。

5. 取出集合 s 中组成英文单词的所有字母(重复字母只留一个)并打印出来。(提示：可先将集合 s 转换为字符串)

6. 给定两个长度相同的列表，比如，列表[1,2,3] 和 ["a", "b", "c"]，用这两个列表里的所有数据组成一个字典，结果为{1:"a", 2:"b", 3:"c"}或{"a":1, "b":2, "c":3}。

7. 创建一个名为 cartoon 的字典。包含公主 princesses，动物 animals。princesses 又包括 Ariel，Belle，Anna，Elsa；animals 又包含 cat:Tom，mouse:Jerry，dog:Spike。

8. 打印字典 cartoon 中的公主 Elsa，猫 Tom。

【微信扫码】
源代码 & 相关资源

第 5 章

控制结构

5.1 概述

结构化程序设计主要包含三种基本控制结构：顺序结构、选择结构、循环结构。这些控制结构是程序的基础。只有掌握并灵活运用这些控制结构，才能够编写出较为复杂的应用程序。

顺序结构是程序设计中最基本、最简单的结构，在此结构中，程序按照语句出现的先后顺序依次执行。顺序结构是任何程序的基本结构，即使在选择结构和循环结构中也包含有顺序结构。其结构如图 5.1 所示，顺序结构程序段中的语句从上至下依次执行，依次执行语句 1、语句 2……语句 n。

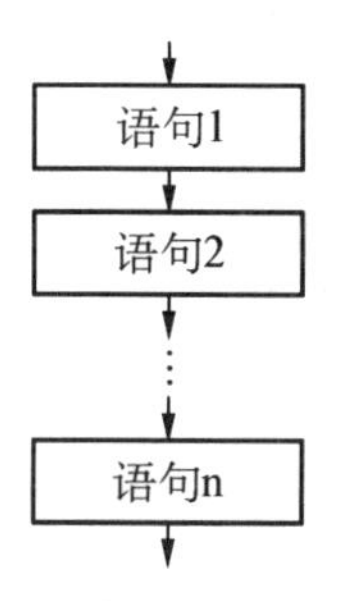

图 5.1　顺序结构示意图

示例 5.1.1_SequentialExample.py 是求一个数的给定次方的结果的例子，它就是一个顺序结构，代码从上至下依次执行：

```
basenum = int(input("请输入底数:"))
expnum = int(input("请输入指数:"))
result = basenum ** expnum
print("{} ** {} = {}".format(basenum, expnum, result))
```

通过 basenum 和 expnum 分别获取底数和质数，再利用“**”运算符进行求幂运算，最终再以给定的格式输出结果。运行结果如下：

```
请输入底数:3
请输入指数:2
3 ** 2 = 9
```

选择结构又称条件结构或分支结构,根据条件确定执行的路线及语句。如图 5.2 所示的结构即为选择结构,根据条件表达式的结果确定执行哪一组语句。若条件表达式结果为 True,则执行语句组 A,若条件表达式结果为 False,则执行语句组 B。选择结构有多种形式,详见 5.2 章节。

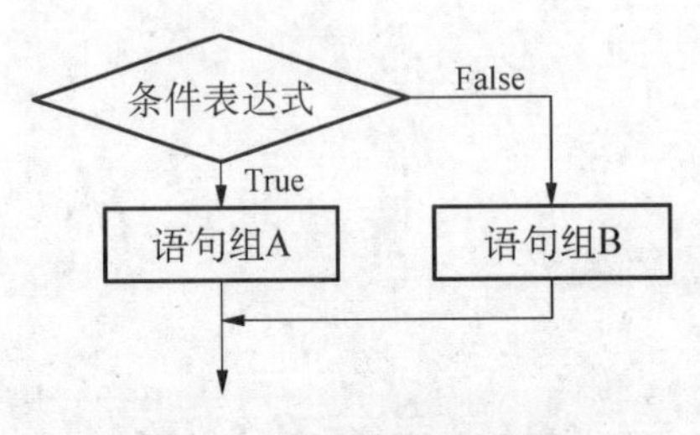

图 5.2 选择结构示意图

循环结构又称重复结构,也是由条件确定执行的路线,不过该结构可以控制程序将某段代码重复执行多次。如图 5.3 所示的结构即为循环结构,根据条件表达式的结果确定是否继续执行循环体语句组。若条件表达式结果为 True,则执行循环体语句组,执行后再次判断条件表达式的结果,如果仍然为 True,则继续重复执行循环体语句组,直到条件表达式结果为 False,则结束循环。循环结构也有多种形式,详见 5.3 章节。

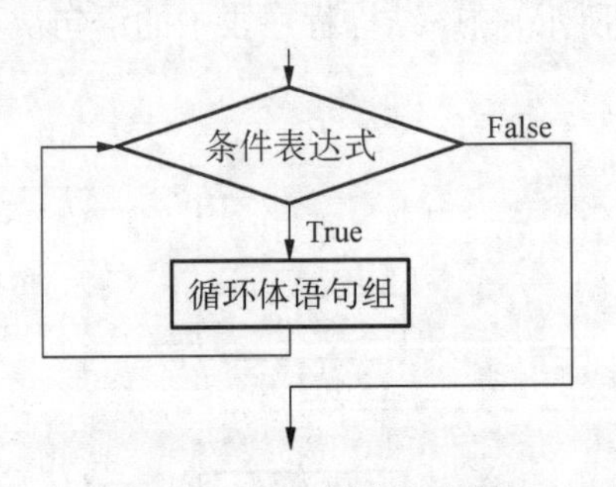

图 5.3 循环结构示意图

灵活掌握和运用各种控制结构,才能够编写出相对功能较为复杂的程序。

5.2 选择结构

选择结构根据条件确定执行哪一组语句,可以用 if 语句或条件表达式来实现。

5.2.1 if 条件语句

if 条件语句根据分支数分为单分支、双分支和多分支结构。

1. if 单分支

语句格式如下:

```
if <条件表达式>:
    <语句组 A>
```

该语句的作用是若条件表达式的结果为 True 时，执行语句组 A；若条件表达式的结果为 False 时，则跳过语句组 A，该 if 语句结束。

示例 5.2.1_SelectionExample1.py 是根据成绩返回是否通过的例子，若大于或等于 60 分，则返回通过，否则不返回。代码如下：

```
score = int(input("请输入分数:"))
if score >= 60:
    print("您的考试成绩为{}，恭喜通过!".format(score))
```

通过 score 获取分数，再通过 if 单分支的判断语句进行判断，若分数大于或等于 60，则按给定格式打印出分数及通过的信息，否则不操作。运行结果如下：

```
请输入分数:65
您的考试成绩为 65，恭喜通过!
```

2. if 双分支

语句格式如下：

```
if <条件表达式>:
    <语句组 A>
else:
    <语句组 B>
```

该语句的作用是若条件表达式的结果为 True 时，执行语句组 A；若条件表达式的结果为 False 时，则执行语句组 B。

示例 5.2.2_SelectionExample2.py 是改进后的根据成绩返回是否通过的例子，若大于或等于 60 分，则返回分数并显示通过，否则返回分数并显示未通过。代码如下：

```
score = int(input("请输入分数:"))
if score >= 60:
    print("您的考试成绩为{}，恭喜通过!".format(score))
else:
    print("您的考试成绩为{}，未通过，继续努力!".format(score))
```

通过 score 获取分数，再通过 if 双分支的判断语句，若分数大于或等于 60，则按给定格式打印出分数及通过的信息，否则打印出分数，并显示“未通过，继续努力!”。运行结果如下：

```
请输入分数:65
您的考试成绩为 65，恭喜通过!
请输入分数:45
您的考试成绩为 45，未通过，继续努力!
```

3. if 多分支

语句格式如下：

```
if <条件表达式 1>:
    <语句组 1>
elif <条件表达式 2>:
    <语句组 2>
......
elif <条件表达式 n>:
    <语句组 n>
else:
    <语句组 x>
```

该语句的作用是若条件表达式 1 的结果为 True 时，执行语句组 A；若条件表达式 1 的结果为 False 时，则获取条件表达式 2 的结果，若为 True，则执行语句组 2；若条件表达式 2 的结果仍然是 False，则继续获取下一个条件表达式的结果，直到遇到某个条件表达式的结果为 True，则执行对应语句组；若列出的所有条件表达式的结果均为 False，则执行 else 对应的语句组 x。

注意：if 语句中的各分支，只会执行其中的一组。

示例 5.2.3_SelectionExample3.py 是再次改进的根据成绩返回结果的例子，若大于或等于 90 分，则返回分数并显示“优秀”；若小于 90 分，但大于等于 60 分，则返回分数并显示“通过”；若低于 60 分，则返回分数并显示“未通过”。代码如下：

```
score = int(input("请输入分数:"))
if score >= 90:
    print("您的考试成绩为{},优秀!".format(score))
elif score >= 60:
    print("您的考试成绩为{},通过!".format(score))
else:
    print("您的考试成绩为{},未通过!".format(score))
```

通过 score 获取分数，再通过 if 多分支的判断语句，实现上述功能。运行结果如下：

```
请输入分数:98
您的考试成绩为 98,优秀!
请输入分数:75
您的考试成绩为 75,通过!
请输入分数:50
您的考试成绩为 50,未通过!
```

多分支要特别注意各条件分支书写的次序。如上例，若将“score >= 90”的分支与“score >= 60”的分支进行交换，则“score >= 90”的分支永远也不会执行。因为若这两个分支交换了，判断时，先遇到“score >= 60”的分支，则只要分数大于或等于 60 分，结果就为“通过"了。多分支语句只执行第一个条件为 True 的分支。能够执行后面的分支，那前面的分支条件一定为 False。

5.2.2 条件表达式

选择结构除了 if 条件语句，还可以用条件表达式来实现。一般根据条件表达式的结果的不同而给某对象赋不同值时，经常用条件表达式的方法来实现。

条件表达式格式为：

```
<True 部分> if <条件表达式> else <False 部分>
```

当条件表达式的结果为 True 时，返回< True 部分>的结果，否则返回< False 部分>的结果。

例如判断 x 的奇偶，将结果记录在 result 中，表达式可以写为：result = "偶数" if x % 2==0 else "奇数"。当 x % 2 == 0，则返回"偶数"给 result，否则返回"奇数"给 result。

条件表达式实现的选择结构均可用 if 语句来实现。如判断 x 的奇偶性的例子，也可以写为：

```
if x % 2 == 0:
    result = "偶数"
else:
    result = "奇数"
```

条件表达式书写简单方便，但仅适用于根据条件简单地返回不同结果，使用范围比较局限；条件语句则功能较为强大，使用也更广泛。

5.3 循环结构

循环结构根据条件重复多次执行一组语句，主要有 for 循环和 while 循环。

5.3.1 for 循环

若针对某个数据集上的元素均要进行某操作，则使用 for 循环语句较为合适。

语句的一般格式如下：

```
for <元素> in <数据集>:
    <循环体>
```

该语句的作用是对数据集中的每个数据执行一次循环体语句。

如示例 5.3.1_CyclicExample1.py 功能是求自然数 1～100 的和，代码如下：

```
sum = 0
for i in range(1,101):
    sum += i
print("1 + 2 + 3 + … + 100 = {}".format(sum))
```

运行结果如下：

```
1 + 2 + 3 + … + 100 = 5050
```

Python中有丰富的库和函数，对序列元素求和有sum函数，生成序列有range函数，因此求自然数1～100的和也可以通过下面语句实现：

```
print("1 + 2 + 3 + … + 100 = {}".format(sum(range(1,101))))
```

其中，range(1,101)生成了[1, 2, 3, …, 100]这样的序列，而将其作为sum的参数，即求这个序列的元素和。

通过for循环还可以快速生成所需序列，如：

```
[i ** 2 for i in range(10) if i % 2 == 0]
```

运行结果如下：

```
[0, 4, 16, 36, 64]
```

该语句首先通过“for i in range(10)”确定出i是出自[0, 1, 2, …, 9]，接着通过“if i % 2 == 0”筛选出[0, 2, 4, 6, 8]，最后通过“i ** 2”确定生成的是i的平方，因此得到结果[0, 4, 16, 36, 64]。

通过for循环可以方便地处理数据集上的每个元素。如打印出字典中的每一项内容，要求打印格式为“键:值”，代码见示例5.3.2_CyclicExample2.py：

```
sdict = {"sname": "王小明", "sno": "17010101", "sex": "男"}
for item in sdict.items():
    print("{}: {}".format(item[0], item[1]))
```

运行结果如下：

```
sname: 王小明
sno: 17010101
sex: 男
```

for语句还可以配合else分句。此时格式为：

```
for <元素> in <数据集>:
    <循环体>
else:
    <语句组>
```

else分句是在for循环轮数结束时执行，但若for循环是通过循环体中的break语句(break语句的使用参见5.4.1)退出的循环，则此时else分句不执行。

示例5.3.3_CyclicExample3.py是在给定的范围内的数据中找出第一个符合要求的数值，若找不到符合要求的数，则返回“该范围内找不到符合要求的数”。代码如下：

```
startnum = int(input("请输入查找数据的起始值:"))
endnum = int(input("请输入查找数据的终止值:"))
```

```
for i in range(startnum, endnum + 1):
        if i % 7 == 0:
            print("找到数值{}符合要求".format(i))
            break
else:
     print("该范围内找不到符合要求的数")
```

运行结果如下：

```
请输入查找数据的起始值:10
请输入查找数据的终止值:20
找到数值 14 符合要求
请输入查找数据的起始值:1
请输入查找数据的终止值:5
该范围内找不到符合要求的数
```

该程序中，若输入范围10～20，则找到符合要求的数14，即当i == 14时，"i % 7 == 0"值为True，执行该分支中的print语句，并执行"break"语句，退出for循环，此时由于是通过break退出的循环，因此不执行else分支；若输入范围1～5，则找不到符合要求的数，for循环正常退出，此时执行else分支，打印"该范围内找不到符合要求的数"。

结合for循环语句可以编写稍复杂一些的程序，现要求给定行数rows，打印出杨辉三角的前rows行内容。打印效果如图5.4所示，

```
请输入需要显示的杨辉三角的行数：6
           1   1
         1   2   1
       1   3   3   1
     1   4   6   4   1
   1   5  10  10   5   1
 1   6  15  20  15   6   1
```

图5.4 杨辉三角

示例5.3.4_CyclicExample4.py：

```
##杨辉三角
rows = int(input("请输入需要显示的杨辉三角的行数:"))
rowlist = [1,1]
for i in range(1,rows + 1):
        nextrowlist = [1]
        print(" " * 2 * (rows - i), end = "")
        for j in range(len(rowlist) - 1):
                print("%4s" % rowlist[j], end = "")
                nextrowlist += [rowlist[j] + rowlist[j + 1]]
        print("%4s" % rowlist[-1])
```

```
        nextrowlist += [1]
        rowlist = nextrowlist
```

该程序首先通过 rows 获取要打印的杨辉三角的行数，初始化当前要打印的行 rowlist 内容为[1, 1]，通过“for i in range(1,rows + 1)”循环重复执行打印杨辉三角的本行内容及求解其下一行内容 nextrowlist，循环内的“for j in range(len(rowlist) - 1)”循环用于打印本行的每一个元素(除最后一个元素，最后一个元素通过“print("%3s"%rowlist[-1])”打印)及求下一行的中间元素(每一行开头和结尾元素均为 1)。“for i in range(1, rows + 1)”的一轮循环结束，即本行打印结束，下一行也已求出存于 nextrowlist 中。此时，需进入下一行继续打印和处理，因此将 nextrowlist 内容送至 rowlist，进入下一轮循环。

for 循环使用非常方便，但有时不知循环次数，而要根据操作的结果确定循环体执行的次数。如 2016 年国家总人口为 13.8 亿，增长率为 5.9‰，现欲估算多少年后国家总人口达到 20 亿。此时循环次数恰恰就是需要求解的对象，因此使用 for 不方便，需要采用又一非常重要的循环结构——while 循环。

5.3.2 while 循环

for 循环使用方便，但 while 循环应用的范围更广。如上节最后提到的估算国家总人口的例子。由于循环次数恰恰就是需要求解的结果，需要使用 while 循环。

语句一般格式如下：

```
while <条件表达式>:
    <循环体>
```

该语句的作用是当条件表达式的值为 True 时重复执行循环体语句，当条件表达式的值为 False 时退出循环。

使用 for 循环实现的功能，均可使用 while 循环来实现，while 循环应用的范围更广。

例如求自然数 1～100 的和，使用 while 循环实现的代码参见示例 5.3.5_CyclicExample5.py：

```
sum = 0
i = 1
while i <= 100:
    sum += i
    i += 1
print("1 + 2 + 3 + … + 100 = {}".format(sum))
```

运行结果如下：

```
1 + 2 + 3 + … + 100 = 5050
```

使用 while 循环要注意循环变量 i 的初值及自增的设置。上节末尾提及的估算国家总人口多少年后达到 20 亿的例子，也需要用 while 循环来实现。代码参见示例 5.3.6_CyclicExample6.py：

```
population = 13.8
years = 0
while population < 20:
      years += 1
      population *= 1 + 0.0059
print("{}年后,国家总人口达到 20 亿".format(years))
```

运行结果如下：

```
64 年后,国家总人口达到 20 亿
```

另外，还需注意条件表达式有可能永远不会变为 False，也就意味着循环会一直进行下去，这在许多交互系统中经常用到。从这个角度来说，for 循环更加方便，但 while 循环应用范围更广。例如辅助用户判断年份是否是闰年，代码执行后，可以一直重复“等待录入年份、判断并打印”的过程。代码参见示例 5. 3. 7_ CyclicExample7. py：

```
while True:
     year = int(input("请输入需要查询的年份:"))
     if year % 400 == 0 or (year % 100 != 0 and year % 4 == 0):
          print("{}年是闰年".format(year))
     else:
          print("{}年不是闰年".format(year))
```

运行结果如下：

```
请输入需要查询的年份:2018
2018 年不是闰年
请输入需要查询的年份:2020
2020 年是闰年
请输入需要查询的年份:2100
2100 年不是闰年
请输入需要查询的年份:
```

给出提示“请输入需要查询的年份:”，用户输入年份后，返回对应的结果，接着继续提示“请输入需要查询的年份:”，等待用户继续查询判断……

while 语句也可以配合 else 分句。此时格式为：

```
while <条件表达式>:
      <循环体>
else:
      <语句组>
```

else 分句也是在 while 循环结束时执行，同样，若 while 循环是通过循环体中的 break 语句退出的循环，else 分句不执行。使用方法可参见 for 中的 else 分句。

for 循环使用非常方便，而 while 使用非常灵活，实际运行时，根据实际情况确定使用哪一种循环结构。

5.4 其他循环控制语句

5.4.1 break 语句

循环体内的 break 语句可以中止此轮循环，并跳出循环。for 循环和 while 循环均可以使用该语句。

上节中辅助用户判断闰年的例子，程序会一直等待跟用户的交互，若管理员需要结束该辅助测试，该怎么办呢？break 语句的功能即应用于此类情景。只需在程序中增加一个 if 判断即可实现。代码参见示例 5.4.1_BreakExample. py：

```
while True:
    year = int(input("请输入需要查询的年份:"))
    if year == -9999:       ##输入-9999 时退出，否则继续循环
        break
    if year % 400 == 0 or (year % 100 != 0 and year % 4 == 0):
        print("{}年是闰年".format(year))
    else:
        print("{}年不是闰年".format(year))
```

通过增加 break 语句，控制循环的退出。

5.4.2 continue 语句

循环体内的 continue 语句可以中止此轮循环，但并不跳出循环，而是进入下一轮循环判断，若循环条件继续为真，则继续下一轮循环。for 循环和 while 循环均可以使用该语句。如示例 5.4.2_ContinueExample. py：

```
for i in range(1,10):
    if i % 2 == 0:
        continue
    print(i)
```

运行结果如下：

```
1
3
5
7
9
```

通过增加 continue 语句，控制跳过某几轮循环。但若将该例中的 continue 改为 break，代码参见示例 5.4.3_BreakExample. py：

```
for i in range(1,10):
    if i % 2 == 0:
        break
    print(i)
```

则运行结果如下：

```
1
```

使用 continue 只是中止该轮循环，进入下一轮循环判断，所以符合要求的 2 的倍数均未执行 continue 后的 print 函数；而使用 break，则遇到第一个符合条件的 2 的倍数即终止整个循环了。

5.4.3　pass 语句

Python 中的 pass 语句非常有用，编写一个规模稍大的应用程序时，通常会先定好程序的结构。因为 Python 的程序结构是通过缩进来实现的，而最初设计该应用程序时，部分模块还未编写或暂时不需要处理，此时即可在该处添加 pass 语句，表示执行到该处时直接跳过。所以 pass 语句相当于是代码的占位。

在异常处理时，也经常使用 pass 语句。例如捕捉到某个非致命错误，只想记录该事件而不想采取任何措施，此时使用 pass 也是恰到好处。

5.5　算法实例

灵活运用各种控制结构，可以编写出功能性较强的应用程序。

1. 素数

设计一算法，找出 100 以内所有的素数。素数即符合以下条件的数：除了 1 和自身，没有其他因子；该数是大于 1 的自然数。

算法思路：

素数的条件之一即为“大于 1 的自然数”，而应用要求是找出 100 以内的素数，因此首先对 2～100 依次进行测试，找出其中的素数。这些测试操作是相同的，并且需要重复多次，故而用循环控制 2～100 的循环测试，构成了外层循环。

外层循环已经确定，只需再编写循环内的“测试某数是否是素数”即可。

一个数如果是素数还需符合一个条件，即它除了 1 和自身，没有其他因子了。此时需增加一层循环用来测试这个数是否能被 2～(该数－1)整除，若遇到，则无需继续测试，直接 break 返回，说明该数不是素数；若均不能整除，即取余结果均不为 0，则该层循环未通过 break 退出，而是正常退出，此时该数即为素数。

该应用代码实现见示例 5.5.1_Prime.py：

```
primelist = []
for i in range(2,101):
```

```
    ##判断 i 是否是素数
    for j in range(2,i):
        if i % j == 0:
            break
    else:
        primelist += [i]
print(primelist)
```

执行结果如下：

```
[2, 3, 5, 7, 11, 13, 17, 19, 23, 29, 31, 37, 41, 43, 47, 53, 59, 61, 67, 71, 73, 79, 83, 89, 97]
```

2. 进制转换

设计一算法，将十进制正整数转换为十六进制。十六进制的运算规则"逢十六进一"，其每一位数字有十六种状态，见表 5.1。

表 5.1 十六进制数字的十进制数值对应表

十六进制	对应十进制	十六进制	对应十进制
0	0	8	8
1	1	9	9
2	2	A	10
3	3	B	11
4	4	C	12
5	5	D	13
6	6	E	14
7	7	F	15

十进制正整数转换为十六进制使用的方法为除 16 取余法，如将十进制数值 300 转换为十六进制，其操作如图 5.5 所示。300 除以 16，得到商 18，余数 12，对其商继续除以 16 获取商和余数，直到商为 0 结束。将获得的余数逆序输出即为转换的十六进制数值，不过要注意，因为每一个余数代表一位，所以当余数为 10～15 时，应写作 A～F。

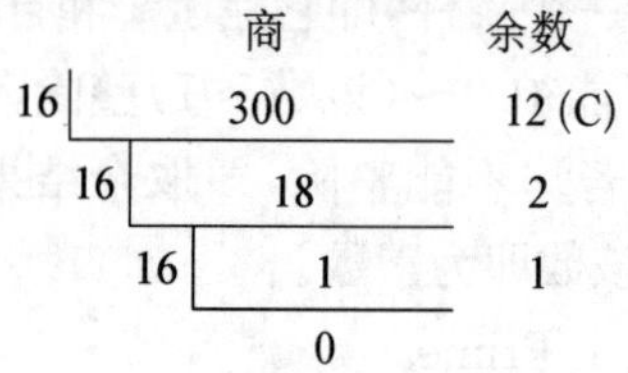

```
        商          余数
16 | 300           12 (C)
   16 | 18         2
      16 | 1       1
           0
```

图 5.5 十六进制转换为十进制

算法思路：通过 Dnum 获取出待转换为十六进制的十进制正整数。将其除以 16，获取商和余数，若商不为0，则继续用商除以16，获取新的商和余数，直到商为0结束。此处重复操作“除以16获取商和余数”，因此可以用循环实现，每一轮循环获取Dnum除以16的商和余数，若商为0则结束，否则将商赋给Dnum，进入下一轮循环。

十六进制每一位有16种状态，即生成的余数有可能出现10～15，而10～15需转换为A～F，因此可以设计一个字符串序列"0123456789ABCDEF"，该序列中的每个字符对应的下标恰恰就是这个十六进制数字代表的十进制数值大小。因此可以将获得的余数作为下标来获取其对应的十六进制数字。

因为余数需逆序输出，即先获得余数排在后面，后生成的余数排在前面。因此每次获得的十六进制数字要接在已获得的结果前面。

该应用代码实现见示例5.5.2_DtoH.py：

```
Dnum = int(input("请输入十进制整数:"))
if Dnum == 0:
    Hnum = "0"
else:
    Hnum = ""
    Hdigits = "0123456789ABCDEF"
    while Dnum != 0:
        remainder = Dnum % 16
        Hnum = Hdigits[remainder] + Hnum
        Dnum //= 16
print("对应的十六进制值为{}".format(Hnum))
```

执行结果如下：

```
请输入十进制整数:300
对应的十六进制值为12C
请输入十进制整数:0
对应的十六进制值为0
```

Python提供的函数很丰富，该应用还可以通过hex函数来实现，即hex(Dnum)可以获得Dnum对应的十六进制数值。

3. 查找

查找是在大量的信息中寻找特定的信息元素。查找是计算机应用中最常用的运算之一，即在序列中查找与给定值相等的数据元素的位置。众多的经典查找算法中，最基本的即为无序数据常用的顺序查找，以及有序数据常用的二分法查找。

(1) 顺序查找

在序列seq中，查找给定值x所在的位置。

算法思路：

将序列seq中的元素依次与x比较，若相等则查找成功，返回该元素下标；否则返回查找失败对应信息。

该应用代码实现见示例 5.5.3_Search.py：

```
import random
##生成随机序列 searchseq
searchseq = []
for i in range(20):
    searchseq += [random.randint(1, 100)]
print("查找序列:{}".format(searchseq))
##在序列 searchseq 中查找 x 的位置
x = int(input("请输入待查找数值:"))
for i in range(len(searchseq)):
    if searchseq[i] == x:
        print("{}在查找序列中的下标为{}".format(x, i))
        break
else:
    print("查无此数!")
```

执行结果如下：

```
查找序列:[51, 31, 15, 24, 74, 85, 27, 58, 46, 84, 51, 32, 19, 71, 63, 13, 17, 85, 28, 75]
请输入待查找数值:24
24 在查找序列中的下标为 3
查找序列:[91, 95, 97, 69, 46, 15, 68, 36, 86, 30, 11, 4, 86, 35, 46, 24, 28, 52, 98, 68]
请输入待查找数值:1
查无此数!
```

(2) 二分法查找

当查找序列中的数值是有序排列的，使用顺序查找效率往往太低，可以采用二分法查找。二分法查找是按照一定的策略减少比对次数的查找方法。如在升序序列 seq 中，查找给定值 x 所在的位置。

算法思路：

① 先将 x 与升序序列 seq 的中间元素进行比较，若 x 与中间元素相等，直接返回当前元素位置；若 x 比中间元素大，说明 x 若存在于序列中，则一定在序列的后半部分；若 x 比中间元素小，说明 x 若存在于序列中，则一定在序列的前半部分。

② 此时，若 x 与中间元素相等，则已返回结果，完成操作；若不等，也已经将查找范围缩小了一半，在其中用同样的方法进行查找。

③ 重复这些操作直到找到返回位置或给出查找失败的对应信息。

该应用代码实现见示例 5.5.4_BinarySearch.py：

```
import random
##生成随机序列 searchseq
searchseq = []
for i in range(10):
    searchseq += [random.randint(i * 5, i * 5 + 4)]
print("查找序列:{}".format(searchseq))
##在序列 searchseq 中查找 x 的位置
x = int(input("请输入待查找数值:"))
left = 0
right = len(searchseq) - 1
while left <= right:
    mid = (left + right) // 2
    ##此处调用 print 函数用于显示查找的中间过程
    print("left:{}      right:{}      mid:{}".format(left,right,mid))
    if x == searchseq[mid]:
        print("{}在查找序列中的下标为{}".format(x,mid))
        break
    elif x > searchseq[mid]:
        left = mid + 1
    else:
        right = mid - 1
else:
    ##此处调用 print 函数用于显示查找的中间过程
    print("left:{}      right:{}".format(left,right))
    print("查无此数!")
```

在序列 searchseq 中查找 x，设计算法时，用 left 指向查找范围下界，right 指向查找范围上界，首先与 left 至 right 范围内的最中间元素(下标用 mid 表示)进行比较，若 x 与序列中下标为 mid 的中间元素相等，则直接返回结果；若 x 比序列中下标为 mid 的中间元素大，则说明元素位于后半部分，因此查找范围应该缩小至后半部分，即将 left 赋值为 mid + 1，进入下一轮循环，用同样的方法继续查找；若 x 比序列中下标为 mid 的中间元素小，则说明元素位于前半部分，因此查找范围应该缩小至前半部分，即将 right 赋值为 mid − 1，进入下一轮循环，用同样的方法继续查找。

当某一轮循环，x 与 mid 相等了，则循环终止。值得注意的是，还需考虑一种情况，即序列中不存在 x，那么即会出现死循环，因此，需添加循环条件，只有当 left 不大于 right 时才存在查找区间，才需继续进一步查找，否则，表示查无此数。

执行结果如下：

```
查找序列:[3, 6, 14, 18, 20, 29, 30, 39, 44, 47]
请输入待查找数值:44
```

```
left:0      right:9     mid:4
left:5      right:9     mid:7
left:8      right:9     mid:8
44在查找序列中的下标为8
查找序列:[1, 7, 10, 17, 24, 29, 32, 39, 40, 45]
请输入待查找数值:20
left:0      right:9     mid:4
left:0      right:3     mid:1
left:2      right:3     mid:2
left:3      right:3     mid:3
left:4      right:3
查无此数!
```

在序列[3, 6, 14, 18, 20, 29, 30, 39, 44, 47]中查找44,只需比较3次,即可查找成功。如果用顺序查找则需要比较9次。

在序列[1, 7, 10, 17, 24, 29, 32, 39, 40, 45] 中查找20,由于序列中不存在该数值,因此经过几轮比较之后,发现left > right,不存在查找区间了,因此退出循环,给出结果"查无此数!"。此时进行了4次元素比较。若使用顺序查找则需与所有元素均进行比较。

由此可见,二分法查找效率较高。

Python中提供的find或index方法也可以实现查找功能,有关find与index方法的使用可参见3.2.7小节。

4. 排序

在计算机应用实现的过程中,排序是一个经常遇到的问题,即将元素按关键字的大小进行排列。计算机经典算法中有多种不同的排序算法,它们各自有不同的优缺点,这里主要讲两种比较简单的排序算法,分别是选择排序、冒泡排序。

(1) 选择排序

选择排序,通过每一轮的比较,找到对应位置应该存放的元素与目前存放的元素进行交换。

算法思路:

以升序为例描述其过程,设源序列有n元素。首先,在n个元素中找出最小元素,与第0个位置的元素进行交换,从而确定了第一个数。接着,在剩下来的n － 1个元素(即下标为1的元素～下标为n － 1的元素)中找出最小的,与第1个位置的元素进行交换,从而确定了第二个数……这样进行了n － 1轮,每一轮确定了一个数,排序即完成。

例源序列为[29, 18, 76, 34, 2, 10],现要求以升序排序。则排序过程如图5.6所示,首先,在所有元素(下标为0～5)中找出最小元素"2",与第0个元素"29"进行交换,此时第0个元素确定,不需要再参与排序;第二轮在剩下的元素(下标为1～5)中找出最小元素"10",与第1个元素"18"交换,第1个元素确定;第三轮在剩下的元素(下标为2～5)中找出最小元素"18",与第2个元素"76"交换,第2个元素确定;第四轮在剩下的元素(下标为3～5)中找出最小元素"29",与第3个元素"34"交换,第3个元素确定;第五轮在剩下的元素(下标为

4～5)中找出最小元素“34”,因为“34”已在应放的位置,因此不交换,第4个元素确定。6个元素中有5个元素(下标为0～4)的位置均已确定,剩下的最后一个元素也就确定了。

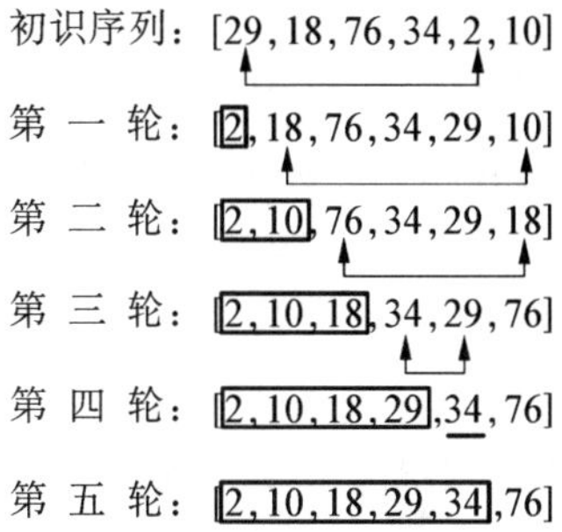

```
初识序列: [29,18,76,34,2,10]
第 一 轮: [2,18,76,34,29,10]
第 二 轮: [2,10,76,34,29,18]
第 三 轮: [2,10,18,34,29,76]
第 四 轮: [2,10,18,29,34,76]
第 五 轮: [2,10,18,29,34,76]
```

图 5.6 选择排序

示例5.5.5_SelSort.py的功能即为随机产生5个两位正整数构成的序列,并采用选择排序法进行升序排序:

```
import random
##生成随机序列sortseq
sortseq = []
for i in range(5):
    sortseq += [random.randint(10, 99)]
print("初始序列:{}".format(sortseq))
##对序列sortseq进行升序排序
for i in range(4):
    min = i
    for j in range(i + 1,5):
        if sortseq[j] < sortseq[min]:
            min = j
    if min != i:
        sortseq[min], sortseq[i] = sortseq[i], sortseq[min]
print("排 序 后:{}".format(sortseq))
```

执行结果如下:

```
初始序列:[45, 40, 32, 90, 14]
排 序 后:[14, 32, 40, 45, 90]
```

若需打印每一轮循环的结果,只需在外层循环的循环体的最后添加一句代码:

```
print("第 {}  轮:{}".format(i + 1, sortseq))
```

执行结果如下:

```
初始序列:[41, 70, 52, 90, 10]
第 1  轮:[10, 70, 52, 90, 41]
```

```
第 2  轮:[10, 41, 52, 90, 70]
第 3  轮:[10, 41, 52, 90, 70]
第 4  轮:[10, 41, 52, 70, 90]
排 序 后:[10, 41, 52, 70, 90]
```

对于选择排序,它的比较次数与初始序列内元素的排列情况无关。设初始序列有 n 个元素,则它总是第一轮进行了 n − 1 次元素比较,第二轮进行了 n − 2 次元素比较……总共进行了 n(n − 1) / 2 次元素比较。

(2) 冒泡排序

冒泡排序是通过元素的两两比较及交换来完成排序的。

算法思路:

以升序为例描述其过程,首先将初始序列中的元素两两比较,只要前者大于后者即交换,这样大数逐渐后移,小数逐渐前移。通过第一轮比较,最大的数移动到了最后一个位置。最后一个元素已经确定,因此,下一轮只需对除最后一个元素以外的元素序列进行比较和移动。一轮确定一个数,直至排序完成。

仍然以序列[29, 18, 76, 34, 2, 10]为例,要求以升序排序。如图 5.7 所示,先从第 0 个元素"29"开始,至第 4 个元素"2",依次与其后一个元素进行比较,只要前者大于后者则交换,因此经过一轮比较及交换后,序列变为[18, 29, 34, 2, 10, 76],最后一个元素,即第 5 个元素"76"确定;接着,从第 0 个元素至第 3 个元素,依次与其后一个元素进行比较,同样,只要前者大于后者则交换,因此经过这一轮比较,第 4 个元素"34"确定……

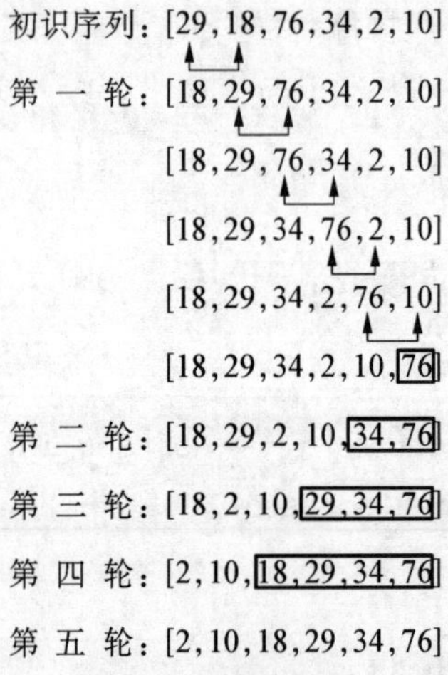

初识序列:[29,18,76,34,2,10]
第 一 轮:[18,29,76,34,2,10]
[18,29,76,34,2,10]
[18,29,34,76,2,10]
[18,29,34,2,76,10]
[18,29,34,2,10,76]
第 二 轮:[18,29,2,10,34,76]
第 三 轮:[18,2,10,29,34,76]
第 四 轮:[2,10,18,29,34,76]
第 五 轮:[2,10,18,29,34,76]

图 5.7 冒泡排序

示例 5.5.6_BubSort.py 的功能即为随机产生 5 个两位正整数构成的序列,并采用冒泡排序法进行升序排序:

```
import random
##生成随机序列 sortseq
sortseq = []
for i in range(5):
```

```
    sortseq += [random.randint(10, 99)]
print("初始序列:{}".format(sortseq))
##对序列 sortseq 进行升序排序
for i in range(4, 0, -1):
    for j in range(i):
        if sortseq[j] > sortseq[j + 1]:
            sortseq[j], sortseq[j + 1] = sortseq[j + 1], sortseq[j]
    print("第  {}  轮:{}".format(5 - i, sortseq)) ##此语句用来打印每一轮
                                                    排序结果
print("排 序 后:{}".format(sortseq))
```

执行结果如下：

```
初始序列:[74, 42, 43, 75, 55]
第  1 轮:[42, 43, 74, 55, 75]
第  2 轮:[42, 43, 55, 74, 75]
第  3 轮:[42, 43, 55, 74, 75]
第  4 轮:[42, 43, 55, 74, 75]
排 序 后:[42, 43, 55, 74, 75]
```

冒泡排序虽然也是一轮比较之后确定一个数，但是在比较的过程中，所有元素都在逐渐地向排序后的位置进行移动的。由运行结果可以看出该例中第二轮排序结束后，从第三轮开始没有元素进行移动交换了，即第二轮操作结束后序列已经排好序了。由此，是否可以将该程序改进呢？

如果在某一轮，没有一次元素移动，也即没有相邻两个元素的大小比较不符合排序要求，则排序结束。程序中增加一个判断即可减少不必要的比较。在每一轮循环中，先设置标记 flag 为 False，表示该轮还没有进行任何的元素移动，在元素比较的过程中，若有元素大小比较不符合排序要求，需要进行交换时，则设置 flag 为 True，表示此轮有元素移动了。若某一轮比较结束，flag 仍保持 False，表示此轮没有元素移动，序列已经排序完毕，结束循环。改进之后的代码见示例 5.5.7_ImpBubSort.py：

```
import random
##生成随机序列 sortseq
sortseq = []
for i in range(5):
    sortseq += [random.randint(10, 99)]
print("初始序列:{}".format(sortseq))
##对序列 sortseq 进行升序排序(改进后的冒泡排序)
for i in range(4, 0, -1):
    flag = False
    for j in range(i):
```

```
            if sortseq[j] > sortseq[j + 1]:
                sortseq[j], sortseq[j + 1] = sortseq[j + 1], sortseq[j]
                flag = True
        print("第 {} 轮:{}".format(5-i,sortseq))
        if not flag:
            break
print("排 序 后:{}".format(sortseq))
```

执行结果如下：

```
初始序列:[97, 88, 12, 83, 89]
第 1 轮:[88, 12, 83, 89, 97]
第 2 轮:[12, 83, 88, 89, 97]
第 3 轮:[12, 83, 88, 89, 97]
排 序 后:[12, 83, 88, 89, 97]
```

第一轮与第二轮均有元素移动，在第三轮比较之后确定了所有元素均已排好，排序结束。冒泡排序算法的执行与序列元素的原次序有很大关系。若原序列是已经排好序的，则通过冒泡排序只要通过一轮比较即可确定出结果；但若是选择排序，则仍需多轮循环才可得出结果。但在最坏的情况，即序列元素原来是逆序排好的，则冒泡排序和选择排序的元素比较次数相同，但冒泡排序的元素移动次数远大于选择排序。

计算机经典的排序算法中还有插入排序、希尔排序、堆排序、归并排序、快速排序等等，其中堆排序、归并排序和快速排序相对性能较好，排序速度较快。

本章小结

本章节着重介绍了三种基本控制结构：顺序结构、选择结构、循环结构。选择结构主要介绍了 if 语句、if…else…语句、if…elif…else…语句及 if 条件表达式；循环结构主要介绍了 for 循环、while 循环以及一些循环中断语句。

最后还通过素数、进制转换、查找及排序等实例介绍了三种基本控制结构的应用。

习　题

一、选择题

1. 执行语句“list1=[i for i in range(1,5,2)]”后 list1 值为________。

A. [1, 5, 2]　　B. [1, 3]　　C. [1, 3, 5]　　D. [1, 2, 3, 4, 5]

2. 执行下面代码：

```
L = []
for i in range(10):
    if i%2==0:
        continue
```

```
    L += [i]
print(L)
```

则打印出的结果为________。

A. [1,3,5,7,9]　　B. [0,2,4,6,8]　　C. []　　D. [0]

3. 现执行如下代码：

```
s = input("请输入一个正整数:")
result = ""
for ch in s:
    result += ch
print(result)
```

若用户输入的是 1234，则输出结果为________。

A. 1234　　B. 10　　C. 空　　D. 4321

二、填空题

1. 执行下面代码：

```
k = 1000
while k > 0:
    if k % 6 == 0:
        print(k)
        break
    k -= 1
```

则打印出的结果为________。

2. 打印四个数字(1、2、3、4)组成的互不相同且无重复数字的三位数。请将程序补充完整。

```
for i in range(1,5):
    for j in range(1,5):
        for k in range(1,5):
            if ________:
                print(i * 100 + j * 10 + k)
```

3. 下面程序的功能是找出 1000 以内各位数字的平方和是 3 的倍数的数(例如:112，$1\times1+1\times1+2\times2=6$,6 是 3 的倍数，所以 112 是符合条件的数)，请将程序补充完整。

```
L = []
for i in range(1,1001):
    istr = str(i)
    ________
    for ch in istr:
        ________
```

```
    if isum % 3 = = 0:
        L+=[i]
print(L)
```

三、编程题

1. 编写程序实现九九乘法表的打印。

```
1*1=1
1*2=2   2*2=4
1*3=3   2*3=6   3*3=9
1*4=4   2*4=8   3*4=12  4*4=16
1*5=5   2*5=10  3*5=15  4*5=20  5*5=25
1*6=6   2*6=12  3*6=18  4*6=24  5*6=30  6*6=36
1*7=7   2*7=14  3*7=21  4*7=28  5*7=35  6*7=42  7*7=49
1*8=8   2*8=16  3*8=24  4*8=32  5*8=40  6*8=48  7*8=56  8*
8=64
1*9=9   2*9=18  3*9=27  4*9=36  5*9=45  6*9=54  7*9=63  8*
9=72  9*9=81
```

2. 用户输入一个正整数,进行如下操作:

(1) 获取该数的所有因子。

(2) 获取质因子相乘的形式,例 420=2*2*3*5*7。

【微信扫码】
源代码 & 相关资源

第6章

错误与异常

相传，早期有程序员在调试程序时出现故障，拆开继电器后，发现有只飞蛾被夹扁在触点中间，从而“卡”住了机器的运行。于是，诙谐地把程序错误统称为“臭虫(BUG)”，把排除程序故障叫 DEBUG，而这奇怪的“称呼”，后来成为计算机领域的专业行话。

在程序运行时，如果代码引发了错误，Python 就会中断程序，并且输出错误提示。比如：

```
print(int('0.2'))
运行后程序得到错误提示：
Traceback (most recent call last):
File "C:/Python/exe1.py", line 1, in <module>
print(int('0.2'))
ValueError: invalid literal for int() with base 10: '0.2'
```

意思是，在 exe1.py 这个文件，第 1 行，print(int('0.2'))位置，有值错误，‘0.2’不能被 int 转换为十进制能够表示的字符。

6.1 错误类型

编程时很容易发生错误，程序中可能出现三种错误：语法错误、运行时错误和逻辑错误。对它们加以区分有利于更快地跟踪它们。

(1) 语法错误(也称：解析错误)：是指不遵循语言的语法结构引起的错误(程序无法正常编译/运行)，一般发生在 Python 将源代码翻译成字节码时。常见的 Python 语法错误有：遗漏了某些必要的符号(冒号、逗号或括号)、关键字拼写错误、缩进不正确等。

(2) 运行时错误：是指程序在运行过程中遇到错误，导致意外退出，通常由解释器产生。大多数运行时错误消息都包含有关发生错误的位置以及执行哪些功能的信息。比如：尝试访问一个没有申明的变量。

(3) 逻辑错误(也称：语义错误)：是指程序的执行结果与预期不符，是程序运行时出现的问题，不会产生错误信息。比如：表达式可能不会按照期望的顺序进行运算，从而产生不正确的结果。

6.2 常见异常

6.2.1 语法错误

如果知道语法错误是哪一种错误，通常很容易解决。但不幸的是，语法错误的错误提示信息往往没有帮助。最常见的提示信息是：

```
SyntaxError: invalid syntax
SyntaxError: invalid token
```

另一方面，该信息确实告诉你 Python 在哪里发现了一个问题，但是，这不一定就是错误所在，有时错误位于错误信息的位置之前，通常位于前一行。

下列是一些常见的语法错误，应在编程时注意避免：

(1) 使用关键词作为变量名。

(2) 在 if、for、while 等语句的头语句后面忘记写冒号。

(3) 字符串缺引号。

(4) 开放操作符 (、{ 或 [没有关闭，使 Python 继续将下一行作为当前语句的一部分。

(5) 在判断条件中使用 = 代替==。

(6) 混合使用 tabs 和空格键作为缩进。

6.2.2 运行时错误

一旦你的程序在语法上是正确的，Python 就可以编译程序并开始运行它。如果在运行时发生错误，Python 就会创建一个异常对象。如果处理不当，会输出一个跟踪(Traceback)到那个错误，其中包含异常的名称、发生问题的程序行。

这时，首先要检查程序中发生错误的位置，查看并找出错误的原因，以下是一些最常见的运行时错误：

(1) NameError:使用当前环境中不存在的变量。另外，局部变量是本地的，不能被在定义的函数之外引用。

(2) TypeError:数据类型不匹配，比如:对字符串、列表或元组使用非整数索引。

格式字符串中的项目与输出值之间存在不匹配，数量的不匹配和无效的转换，也都可能发生这种错误。

传递给函数或方法的参数数量错误亦属于此类错误。

(3) KeyError:请求一个不存在的字典关键字。

(4) AttributeError:尝试访问未知的对象属性。

(5) TypeError:索引超出序列范围。

(6) ZeroDivisionError:除数为 0。

(7) FileNotFoundError:打开的文件不存在。

(8) IOError:输入输出错误(比如你要读的文件不存在)。

6.2.3　逻辑错误

逻辑错误从语法上来说是正确的，但会产生意外的输出或结果，解释器没有提供有关错误的信息。因此，逻辑错误是最难调试的。逻辑错误的唯一表现就是错误的运行结果。常见的逻辑错误有：运算符优先级考虑不周、变量名使用不正确、语句块缩进层次不对、布尔表达式出错。

可以通过使用一些调试器，看到程序的每一步执行的结果。但是，与设置调试器、插入和删除断点以及将程序“步进”到发生错误的位置相比，插入几个恰当放置的打印语句花费的时间通常更短。

6.3　异常处理语句

程序运行时，如果 Python 解释器检测到错误，会触发异常报错。这种报错导致程序终止，使用者无法解决，最终将弃用该软件，所以需要提供一种异常处理机制来完善程序的容错性。

程序员编写特定的代码，专门用来捕捉异常，这段代码与程序逻辑无关。如果发现异常，则进入另外一个处理分支，执行为其定制的处理语句，使程序不会崩溃。这种方式即为异常处理。

对于语法错误异常，程序运行后会提醒哪一行什么地方出错，自己检查一下是否有拼写或者符号遗漏即可；而逻辑错误由于有输出，不容易发现，但对于一些自己定义的函数，可以用简单值代入检验，看看是否有错误。而针对异常，也就是运行中的错误，可以有以下处理方法：

1. if

例：

```
def div(m,n):
    if n==0:
        return '除数不能为 0'
    else:
        return m/n


print(div(6,2))
print(div(8,0))
print(div(6,3))
##通过 if 语句，发现了第二个输出的异常并提示，程序没有中断，继续执行
```

缺点：if 判断是的异常处理只能针对某一段代码，对于不同的代码段的相同类型的错误需要些重复的 if 来进行处理；在程序中频繁地写与程序本身无关、与异常处理有关的 if，这样代码的可读性不高。

2. try... excpet... finally

```
try:
    <statements>          ##运行 try 语句块,并试图捕获异常
except <name1>:
    <statements>          ##如果 name1 异常发生,那么执行该语句块
except (name2, name3):
    <statements>          ##如果元组内的任意异常发生,那么执行该语句块
except <name4> as <variable>:
    <statements>          ##如果 name4 异常发生,那么执行该语句块,并把异常
                          ##实例命名为 variable
except:
    <statements>          ##发生了以上所有列出的异常之外的异常,执行该语句块
else:
    <statements>          ##如果没有异常发生,那么执行该语句块
finally:
    <statement>           ##无论是否有异常发生,均会执行该语句块
```

例:

```
def div(m, n):
    try:
        print(m//n)
    except ZeroDivisionError:
        print("Error: b should not be 0 !!")
    except Exception as e:
        print("Unexpected Error: {}".format(e))
    else:
        print('Run into else only when everything goes well')
    finally:
        return 'Always run into finally block.'

print(div(6,2))
print(div(8,0))
print(div(8,"asdaf"))
```

说明:

except 语句不是必须的,finally 语句也不是必须的,但是二者必须要有一个,否则就没有 try 的意义了。

else 和 finally 是可选的,可能会有 0 个或多个 except,但是,如果出现一个 else 的话,必须有至少一个 except。

except 语句可以有多个,Python 会按 except 语句的顺序依次匹配指定的异常,如果异常已经处理就不会再进入后面的 except 语句。

本章小结

调试穿插在程序员编写程序的整个过程中。通常，在完成每一个功能块之后，都可以进行添加新功能的测试，验证正确后再进行下一步的编写。如果发现错误，就将进行调试。在调试的时候，可以按照以下几点检查：

（1）确保正在编辑的代码和正在运行的代码是同一个。比如，忘记保存会导致新做的修改并没有被执行。有的编程环境会帮你自动保存，有的不会。

（2）阅读代码，检查逻辑上是否符合设计想法。尽量避免语法错误和逻辑错误。

（3）思考错误消息以及程序输出带来的信息，结合经验推断可能是哪种类型的错误。比如，在某一行的后面有很长的红色填充，往往是某组括号没有闭合。有的时候，错误信息告知发现问题的地方，但是那常常并不是问题发生的地方。

（4）输入某个已知结果的特定值，运行程序，并查看结果是否与预期一致，如果不一致，则通过一步步查看中间结果来发现在哪一步发生错误，并改正。

习　题

编程题

改进 math.sqrt()。math 模块中的 sqrt 函数可以计算一个正数的平方根，并返回一个正数，若输入的内容不符合要求，则会出现 ValueError 的异常。请创建一段代码，可以计算任何输入内容的平方根的值，若不符合要求，给出相应的提示。

【微信扫码】
源代码 & 相关资源

第7章 函数

7.1 概述

编写程序实现一个相对复杂的功能时，通常会将该程序分成若干个子程序模块，每个子模块实现特定的功能。这是一个很好的策略，既可以使得程序思路清晰，便于分工合作；同时也便于代码的复用与避免代码冗余。而这样的子程序模块，即称之为函数。

一个程序可包含若干个具有特定功能的函数。这些函数通过被调用而执行其中的代码。函数之间也可以相互调用，并且函数还可以被多次调用。如图 7.1 所示，主程序分别调用了函数 func1、func2，函数 func1 中调用了 func3、func4、func5，函数 func2 中调用了 func5 和 func6。其中，函数 func5 被调用了多次。

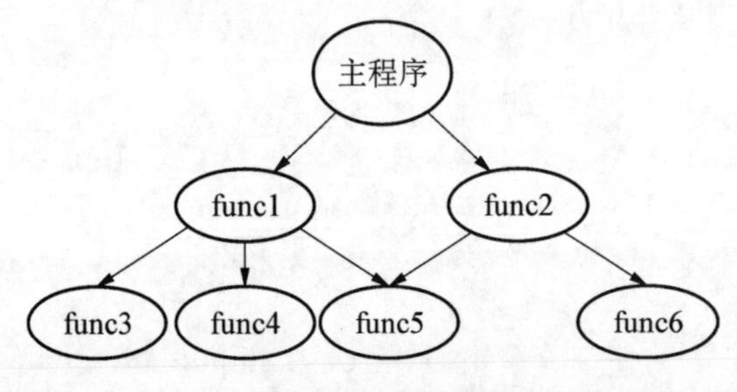

图 7.1　函数调用示意图

需要注意的是，函数定义中可以调用其他函数，但不能定义其他函数。

Python 中的函数包括内置函数、标准库函数、用户自定义函数等等。其中内置函数及标准库函数安装 Python 后即可使用。而用户自定义函数则需程序员先定义该函数，并编写对应功能的实现代码，然后才可以通过调用语句进行使用。

7.2 函数的定义及调用

用户自定义函数必须先定义，才能通过调用语句执行其中的代码。调用方法与内置函数的调用方法一致。

7.2.1 函数定义及调用的一般形式

1. 函数的定义

常规函数定义的格式如下：

```
def <函数名>([<形参列表>]):
     <函数体>
   [return <返回值>]
```

其中，def 为 Python 保留字，用于定义函数；<函数体>为实现函数功能的编码；<返回值>为执行该函数后待返回的结果，使用保留字 return 来返回(特别注意：一旦执行 return 语句，则立刻退出本轮调用，返回结果)；<形参列表>为实现函数功能时需传入的参数。如定义一个函数 Prime，它的功能是判断一个数是否是素数，则应写作：

```
def Prime(n):
```

其中，Prime 为函数名，n 为参数名。

判断一个数是否是素数，则需将这个数给出，才可判断，此时形参列表即为 1 个参数，用于传入需判断的数。

再如定义一个函数 GCD，它的功能是求两个数的最大公约数，则应写作：

```
def GCD(m,n):
```

其中，GCD 为函数名，m 和 n 均为参数名。

求两个数的最大公约数，则需给出这两个数，才可求解它们的最大公约数，此时形参列表即为 2 个参数，用于传入待求解的两个数。

由上述两个例子即可获知，形参的个数由函数的功能决定。

2. 函数的调用

常规函数调用的格式如下：

函数名([<实参列表>])

<实参列表>为待传递给函数去执行的数据。函数只有被调用后，函数内的编码才会执行。调用函数时，通过调用语句，实参列表将待处理数据传给形参列表，并执行函数内的编码。

每调用一次函数，则函数定义中的语句即执行一遍。若需多次执行函数定义的功能，无需将函数内的函数体代码进行重复，只要增加调用语句即可，这样避免了代码的冗余。

3. 形参与实参

定义时，括号中的参数称为形式参数，定义时它还没有实际值，等待传入实际数据，因此被称为形式参数，简称“形参”。调用时，括号中的参数称为实参，用于将实际需处理的数据传给函数去执行，因此被称为实际参数，简称“实参”。

调用函数时，应注意实参与形参的对应关系。

如示例 7.2.1_IsIncludeExample.py：

```
def IsInclude(list1,item):                         ##定义函数
    if item in list1:
        return True
    else:
        return False


print(IsInclude([12,23,34],12))                    ##调用语句1:正确调用
print(IsInclude(12,[12,23,34]))                    ##调用语句2:错误调用
```

该段代码定义了一个函数 IsInclude,其功能为判断一个数据是否在某序列中。定义时,第一个参数 list1 为序列,而第二个参数 item 为待判断是否在序列中的数据。函数内部编写了功能代码,return 用于返回结果。注意,Python 中使用缩进来表示语句之间的关系。函数体,即实现函数功能的编码相对于 def 函数定义语句应注意缩进。

代码中分别使用调用语句 1——IsInclude([12,23,34],12)和调用语句 2——IsInclude(12,[12,23,34])来调用了函数 IsInclude,由此可以看出,函数定义后,可以被多次调用。调用一次,函数定义时的函数体编码即执行一次。

调用函数时,实参与形参是一一对应的,因此若将实参直接传给形参时,顺序不一致,有时也会导致错误结果。

上述代码的运行结果如下:

```
True
Traceback (most recent call last):
  File "D:/教材编写/Python－南大出版社/源码/7.2.1.py", line 8, in <module>
    print(IsInclude(12,[12,23,34]))          #调用语句2:错误调用
  File "D:/教材编写/Python－南大出版社/源码/7.2.1.py", line 2, in IsInclude
    if item in list1:
TypeError: argument of type 'int' is not iterable
```

由运行结果可以看出,第一次调用,运行结果为 True;第二次调用由于未将实参与形参一一对应,报错了。为了避免这种情况,也可以在调用函数,传递实参时,加上形参名。如:

```
print(IsInclude(item = 12,list1 = [12,23,34]))
```

此时,实参顺序虽然与形参顺序不一致,但由于传递时提供了形参名,则也可正确执行。

7.2.2 特殊函数定义形式

函数根据其功能,除上一小节的常规函数形式,还有无参数无返回值函数、有参数无返回值函数、无参数有返回值函数、有默认参数函数、可变长参数函数等。

1. 无参数无返回值函数

无参数无返回值函数,通常用于无需干预即可执行某操作,且无需返回结果的情况。该函数定义的语法格式如下:

```
def <函数名>():
    <函数体>
```

调用该函数的语句格式为：

```
函数名()
```

如示例 7.2.2_printWelcomeExample.py：

```
def printWelcome():                          ##定义函数
    for i in range(60):
        print('#',end = "")
    print()
    print('%s%s%s'%('#'*21,"Welcome to Python",'#'*22))
    for i in range(60):
        print('#',end = "")
    print()

ret = printWelcome()                         ##调用函数
print(ret)
```

该示例的功能是定义一个打印“Welcome to Python”的欢迎界面，并通过调用语句进行打印。其中 printWelcome 为函数名。函数定义后，通过调用语句——printWelcome()，实现了调用并执行了 printWelcome 函数中的代码，并将返回结果返回至 ret 中。

该函数无需获得任何信息，即可完成对应功能，因此设计其为无参数函数；而该函数只需完成打印，并不需要返回任何结果，因此设计其为无返回值函数。

运行结果为：

```
############################################################
#####################Welcome to Python######################
############################################################
None
```

由返回值可以看出该函数实现了打印功能，但由于函数内并未设定返回语句，因此读取函数的返回值时，返回 None(空)。

2. 有参数无返回值函数

有参数无返回值函数，通常用于根据给定信息完成某项操作，且无需返回结果的情况。该函数定义的语法格式如下：

```
def <函数名>(<形参>):
    <函数体>
```

调用该函数的语句格式为：

```
函数名(<实参>)
```

如示例 7.2.3_DelItemExample. py：

```
def DelItem(list1, item):
    while item in list1:
        list1.remove(item)


list1 = [10,23,34,10,45,10,56]
DelItem(list1, 10)
print(list1)
```

该示例的功能是定义删除序列中的所有指定数据的函数，并通过调用语句实际操作。要实现函数功能，则需向函数传入源列表及待删除的数据元素。因此，函数定义时，使用了两个形参，第一个参数 list1 为源序列，第二个参数 item 为待删除的数据。而该函数功能是直接修改源序列，而无需返回其他结果，因此设计其为无返回值函数。

代码的运行结果如下：

```
[23, 34, 45, 56]
```

此处 DelItem(listl,10)语句中，函数不返回内容。因此即使 print 该函数，也只能打印 None()。

3. 无参数有返回值函数

无参数有返回值函数，通常用于无需给定信息便可完成某项操作，并返回结果的情况。例如生成随机数函数 random，无需给定信息，但需返回随机生成的结果。因此可定义为无参数有返回值函数。该函数定义的语法格式如下：

```
def <函数名>():
    <函数体>
    return <返回值>
```

调用该函数的语句格式为：

```
函数名()
```

4. 含默认参数函数

函数定义时，应考虑某些参数经常被赋以相同的值，因此，为了方便函数的调用，常常在定义时，将经常设置的值作为该参数的默认值。如内置函数 sorted(seq, key = None, reverse = False)，其中，seq 参数为必选参数，而 key 和 reverse 参数即为可选参数。

函数定义的语法格式如下：

```
def <函数名>(<形参 1 > = <默认值>[,<形参 2 >[ = <默认值>]……]):
    <函数体>
    [return <返回值>]
```

调用该函数的语句格式为：

```
函数名(实参列表)  或  函数名()
```

如示例 7.2.4_printWelcomeExample2.py：

```
def printWelcome(s = "Python"):
    for i in range(60):
        print('#',end = "")
    print()
    printstr = "Welcome to " + s
    printstrlen = len(printstr)
    lspacelen = (60 - printstrlen)//2
    rspacelen = 60 - printstrlen - lspacelen
    print('%s%s%s'%('#'*lspacelen,printstr,'#'*rspacelen))
    for i in range(60):
        print('#',end = "")
    print()

printWelcome()
print()
printWelcome("my country")
```

该示例的功能是定义一个打印"Welcome to XX"的欢迎界面，并通过调用语句中给定的 XX 的值进行打印。

运行结果如下：

```
############################################################
#######################Welcome to Python####################
############################################################

############################################################
######################Welcome to my country#################
############################################################
```

函数 printWelcome 定义后，分别通过调用语句 printWelcome()和 printWelcome("my country")进行了调用执行。使用 printWelcome()调用语句时，由于未给出实参，即未有任何信息传入形参，因此函数参数赋以默认值"Python"；而使用 printWelcome("my country")调用语句时，因为给定了实参"my country"，将其传入形参，进而执行函数本体。

由此可以看出，含默认参数的函数，调用时，若未给定对应实参，则赋以默认值，但若给出对应实参，则赋以给定实参数值进行执行。

5. 可变长参数函数

内置函数 print 即为可变长参数函数。调用时，直接给出实参即可。如：

```
>>> print("hello")
hello
>>> print(3,"+",2,"=",5)
```

```
3 + 2 = 5
```

这两条语句都调用了 print 函数，但第一次调用给定了 1 个参数，而第二次调用则给定了 5 个参数。

可变长参数函数，定义时需在可变长参数前加上“*”。如示例 7.2.5_NumSumExample.py：

```
def NumSum(*num):
    result = 0
    for item in num:
        result += item
    return result


print(NumSum(10,20))
print(NumSum(1,2,3,4,5))
```

该示例的功能是定义一个函数 NumSum，用于求给定的多个数值的和。

运行结果如下：

```
30
15
```

示例中 NumSum 函数中的 num 参数即为可变长参数，定义时，在该参数前加上“*”。并在函数体内实现对应功能。调用时即可给出不同数量的数值作为参数传入进行计算了。示例中，通过调用语句 NumSum(10,20)和 NumSum(1,2,3,4,5)分别将不同数量的数值传入函数，并执行函数体。

7.3 函数的调用过程

7.3.1 函数的调用流程

执行主程序时，遇到函数调用语句，即进入函数代码的执行，函数代码执行完毕，则返回调用语句，继续向后执行。若函数定义时又包括了其他函数的调用语句，则此时的调用过程如图 7.2 所示。

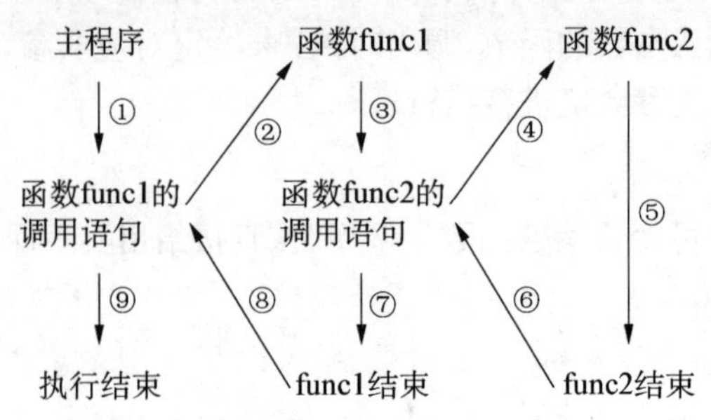

图 7.2 函数调用过程示意图

执行主程序时，遇到函数 func1 的调用语句，则进入函数 func1 中，执行其中的代码。在执行函数 func1 过程中，遇到函数 func2 的调用语句，则进入函数 func2 中，执行其中的代码。func2 执行结束，则返回调用该函数的 func1 中的调用语句处继续执行 func1 中的剩余代码。func1 执行结束，则返回调用 func1 函数的调用语句位置继续执行，直至整个程序运行结束。

7.3.2 实参与形参的传递

本章前面提及函数定义时，括号内的参数没有实际数值，代表一种输入数据的形式，为形参。而调用函数时，需通过括号中的参数将实际数值传入函数，因此调用时括号中的参数为实参。实参与形参之间应是一一对应的关系。实参与形参之间的传递，根据参数的类型的不同以及进行的操作类型的不同会有不同的结果。

如示例 7.3.1_VarExample1.py：

```
def func(x,y):
    print("传入的 x 值:",x)
    x = x ** y
    print("传出的 x 的值:",x)
    return x

origx = 10
origy = 3
print("实参 origx 原来的值:",origx)
newx = func(origx,origy)
print("实参 origx 现在的值:",origx)
print("调用时接收的传出值:",newx)
```

运行结果如下：

```
实参 origx 原来的值: 10
传入的 x 值: 10
传出的 x 的值: 1000
实参 origx 现在的值: 10
调用时接收的传出值: 1000
```

由运行结果可以看出实参 origx 在调用前和调用后的值未有改变。该程序的运行流程如图 7.3 所示，遇到调用语句 newx=func(origx,origy)，则将实参 origx、origy 分别传给函数内的形参 x、y。在函数内部对形参 x 进行修改，并将形参 x 的值传出函数并返回至调用语句处继续执行。

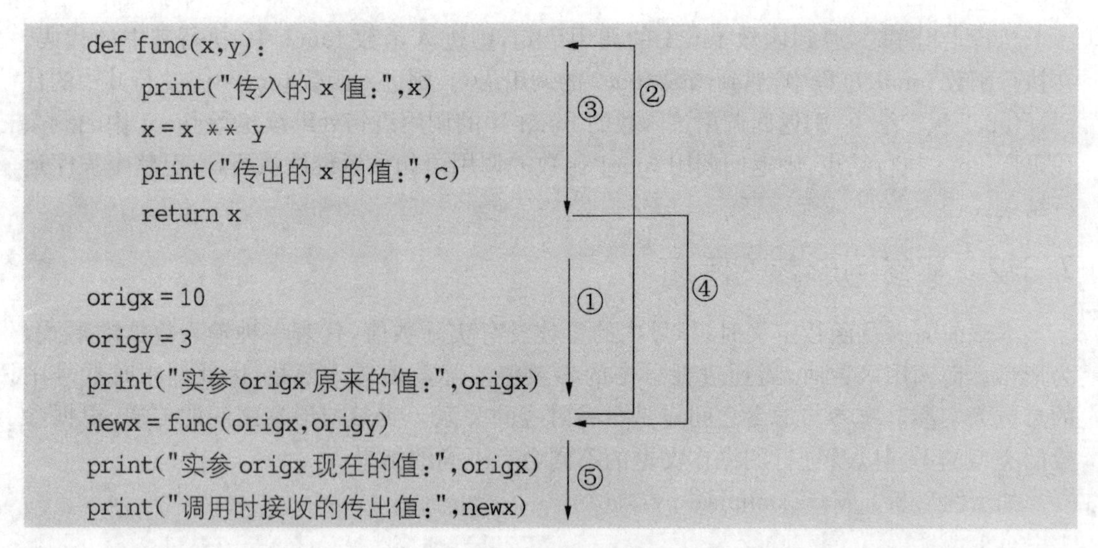

图 7.3 程序执行流程

该示例中传递的参数是数值类型,实参传入形参后并未跟随形参的改变而改变。若传递的参数是其他类型,实参是否也不跟随形参的改变而改变?

如示例 7.3.2_VarExample2.py:

```
def ListAddItem(numlist,item):
    print("传入的numlist值:",numlist)
    numlist+=[item]
    print("传出的numlist值:",numlist)
    return numlist

origlist=[10,20,30]
num=40
print("实参origlist原来的值:",origlist)
newlist=ListAddItem(origlist,num)
print("实参origlist现在的值:",origlist)
print("调用时接收的传出值:",newlist)
```

运行结果如下:

```
实参origlist原来的值:[10, 20, 30]
传入的numlist值:[10, 20, 30]
传出的numlist值:[10, 20, 30, 40]
实参origlist现在的值:[10, 20, 30, 40]
调用时接收的传出值:[10, 20, 30, 40]
```

该示例中的实参origlist、形参numlist为列表类型,由运行结果可以看出,此时,实参origlist传入形参numlist后,origlist的值跟随形参numlist的改变而改变。

不同类型的形实传递导致不同的结果的本质,见示例 7.3.3_VarExample.py:

```
##示例7.3.1 实参与形参传递的地址变化情况展示
def func(x,y):
    print("形参x值修改前的地址:",id(x))
    x = x ** y
    print("形参x值修改后的地址:",id(x))
    return x

origx = 10
origy = 3
print("实参origx调用前的地址:",id(origx))
newx = func(origx,origy)
print("实参origx调用后的地址:",id(origx))

print()

##示例7.3.2 实参与形参传递的地址变化情况展示
def ListAddItem(numlist,item):
    print("形参numlist值修改前的地址:",id(numlist))
    numlist += [item]
    print("形参numlist值修改后的地址:",id(numlist))
    return numlist

origlist = [10,20,30]
num = 40
print("实参origlist调用前的地址:",id(origlist))
newlist = ListAddItem(origlist,num)
print("实参origlist调用后的地址:",id(origlist))
```

运行结果如下:

```
实参origx调用前的地址:494825216
形参x值修改前的地址:494825216
形参x值修改后的地址:48720400
实参origx调用后的地址:494825216

实参origlist调用前的地址:49083400
形参numlist值修改前的地址:49083400
形参numlist值修改后的地址:49083400
实参origlist调用后的地址:49083400
```

由该示例可以看出,函数调用时,实参均将地址传给了形参。在函数内部对形参进行修改时出现了区别:若是可变对象(列表、字典等),并且进行的是自变操作(自增、自减、修改元素等操作),由于未改变对象地址,因此形参与实参是统一的;若是不可变对象(数值、字符串、元组等等),在形参修改时,形参地址发生改变,因此形参与实参不统一;若虽是可变对象,但形参进行修改时改变了地址,同样形参与实参不统一了。

7.4 匿名函数

函数的定义除了7.2章节介绍的显式定义方法之外,还可以以一种更简洁的方法定义一些简单的函数。尤其在需要将函数作为参数传入另一函数时,更需要简洁的函数定义方法。Python提供了lambda保留字,即用于快速定义函数。

格式如下:

```
<函数名> = lambda <参数列表>:<函数操作表达式>
```

此定义等价于:

```
def <函数名>(<参数列表>):
    return <函数操作表达式>
```

如:

```
>>> numsum = lambda x,y:x + y
>>> numsum(10,20)
30
```

其中numsum = lambda x,y:x + y语句等价于:

```
def numsum(x,y):
    return x + y
```

该例中numsum即为函数名,保留字lambda后的x和y即为该函数的形参,x + y即为该函数返回的结果。此种函数定义方法非常便捷。Python中提供的很多内置函数及方法都可以传入函数进行操作,此时无需设置函数名,格式为:

```
lambda <参数列表>:<函数操作表达式>
```

此种函数定义方法非常简洁,但未给出函数名,因此又被称为"匿名函数"。如3.2.7章节中提及的sort方法和sorted函数等中的key参数即需传入排序依据函数,此时匿名函数就显得尤为方便。如:

```
>>> stulist = [("张峰",96,86,90),("王涵",89,90,98),("李硕",90,70,100)]
```

其中,stulist为学生成绩列表,每个元素均为一个元组,元组中的元素依次为姓名、语文成绩、数学成绩和英语成绩。

若需根据语文成绩降序进行排列,则可执行语句:

```
>>> sorted(stulist,key = lambda stu:stu[1],reverse = True)
[('张峰', 96, 86, 90), ('李硕', 90, 70, 100), ('王涵', 89, 90, 98)]
```

排序的每个元素作为 lambda 匿名函数的参数，冒号后即为返回的结果。上例中返回的是每个学生元素的下标为 1 的值，即语文成绩。因此将返回的语文成绩作为排序依据。

若需根据英语成绩降序进行排列，则可执行语句：

```
>>> sorted(stulist,key = lambda stu:stu[3],reverse = True)
[('李硕', 90, 70, 100), ('王涵', 89, 90, 98), ('张峰', 96, 86, 90)]
```

若需根据总成绩降序进行排列，则可执行语句：

```
>>> sorted(stulist,key = lambda stu:sum(stu[1:]),reverse = True)
[('王涵', 89, 90, 98), ('张峰', 96, 86, 90), ('李硕', 90, 70, 100)]
```

7.5 变量的作用域

变量在程序中的应用范围，即为变量的作用域，也称变量的命名空间。变量根据其作用范围可以分为局部变量和全局变量。

7.5.1 局部变量

函数内部定义的变量即为内部变量，也称局部变量。该变量只在该函数内部有效，在函数外的空间是无法使用的。

如示例 7.5.1_LocalVarExample.py：

```
##函数内部定义的变量为局部变量，只在函数内部有效。
def func(n):
    n += 10
    print("函数内部打印 n 的值:",n)

func(20)
print("函数外部打印 n 的值:",n)
```

运行结果如下：

```
函数内部打印 n 的值: 30
Traceback (most recent call last):
  File "D:\教材编写\Python一南大出版社\源码\7.5.1_LocalVarExample.py", line 7, in <module>
    print("函数外部打印 n 的值:",n)
NameError: name 'n' is not defined
```

此段代码中，变量 n 即为在函数内部定义的变量，因此只能在该自定义函数 func 内部有效。在函数内部打印其值可以正确执行，但在函数外部打印其值时则报错。从错误提示中即可看出，在函数外部无法识别局部变量 n。

若函数外部需要获取函数内部变量的值，则可在函数内部通过 return 语句将该变量的值传出;也可以使用全局变量对函数内外进行统一处理。

7.5.2 全局变量

一个 Python 文件中函数内部定义的变量只能在函数内部有效,与之相对,在函数外部定义的变量,称为外部变量,也称全局变量。全局变量在整个文件中均有效。

如示例 7.5.2_GlobalVarExample1.py:

```
##函数外部定义的即为全局变量
## Example1:在函数内部读取全局变量的值
x = 50
def func(n):
    n += x
    print("函数内部打印 n 的值:",n)
    print("函数内部打印 x 的值:",x)

func(20)
print("函数外部打印 x 的值:",x)
```

运行结果如下:

```
函数内部打印 n 的值:70
函数内部打印 x 的值:50
函数外部打印 x 的值:50
```

此段代码中,变量 n 是在函数内部定义的局部变量,只在函数内部有效;变量 x 是在函数外部定义的全局变量,在整个文件中均有效,因此在函数内及函数外均可以访问并打印其值。

在函数内部虽可以读取外部定义的全局变量的值,但若要修改其值,则需使用 Python 保留字 global 在函数内部对该全局变量进行声明。

如示例 7.5.3_GlobalVarExample2.py:

```
##函数外部定义的即为全局变量
## Example2:在函数内部未通过 global 声明,无法修改全局变量的值
x = 50
def func(n):
    x += n
    print("函数内部打印 x 的值:",x)

func(20)
print("函数外部打印 x 的值:",x)
```

运行结果如下:

```
Traceback (most recent call last):
  File "D:\教材编写\Python-南大出版社\源码\7.5.3_GlobalVarExample2.py",
line 8, in <module>
    func(20)
  File "D:\教材编写\Python-南大出版社\源码\7.5.3_GlobalVarExample2.py",
line 5, in func
    x+=n
UnboundLocalError: local variable 'x' referenced before assignment
```

该例中，在函数外部定义了全局变量 x，在函数内部未使用保留字 global 进行声明，而欲直接执行“x+=n”，发生异常。因此，在函数内部欲修改全局变量的值，则需在函数内部先使用 Python 保留字 global 对该变量进行声明，然后再修改其值。

如示例 7.5.4_GlobalVarExample3.py：

```
##在函数内部要对全局变量的值进行修改，则需在函数内部使用保留字 global 对该全局变量声明
x = 50
def func(n):
    global x
    x += n
    print("函数内部打印 x 的值:",x)

func(20)
print("函数外部打印 x 的值:",x)
```

运行结果如下：

```
函数内部打印 x 的值: 70
函数外部打印 x 的值: 70
```

由于在函数内部使用了“global”对 x 进行了声明，表明函数内后续代码操作的 x 即为全局变量 x，既可读取其值，也可以对其进行修改。

7.5.3 同名变量

函数内部定义的局部变量，只在本函数内部可以识别访问，即其作用域为本函数；函数外部定义的全局变量，在整个文件均可以识别访问，即其作用域为整个文件。若某函数内部定义的局部变量跟其外定义的全局变量名称相同，则发生同名冲突。当发生同名冲突时，以作用域小的为准。

如示例 7.5.5_GlobalVarExample4.py：

```
##同名变量
x = 50
```

```
def func(n):
    x = 10
    x += n
    print("函数内部打印 x 的值:",x)

func(20)
print("函数外部打印 x 的值:",x)
```

运行结果如下：

```
函数内部打印 x 的值：30
函数外部打印 x 的值：50
```

该例中，函数 func 外定义了全局变量 x，并赋值为 50；执行了调用语句——func(20)，即进入函数内部执行其中代码，由于函数内部未使用保留字 global 对 x 进行声明，而执行的语句“x=10”并非读取 x 变量的值，而是赋值语句，因此，此处的 x 为局部变量。此时，函数内部即发生同名冲突，应以作用域小的为准。函数中的后续代码操作的即为局部变量。继续执行代码“x+=n”，局部变量 x 的值变为 30，但全部变量 x 的值仍然保留原来的值 50 不变。

7.6 递归

一个函数内部也可以调用其他函数，以完成较为复杂的功能。若函数内部又直接或间接地调用了本函数，即称该类函数为递归函数。

如示例 7.6.1_FactorialExample.py：

```
##递归函数 Fact:求一个正整数的阶乘
def Fact(n):
    if n == 1:
        return 1
    else:
        return n * Fact(n - 1)

print(" %d! = %d" % (5,Fact(5)))
```

运行结果如下：

```
5! =120
```

该示例中函数的功能是求解一个正整数的阶乘。阶乘的递归定义即为“n! =(n−1)! * n”。示例中 Fact 函数内部通过“return n * Fact(n−1)”语句再次调用本函数，其执行过程如图 7.4 所示。

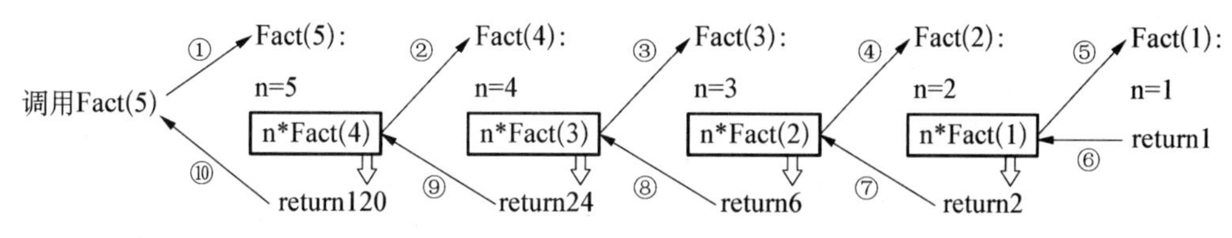

图 7.4 Fact 函数递归调用过程

递归函数不能无终止地自身调用，而应该进行有限次的递归调用后终止并返回。即递归函数的编写必须符合以下两点：

(1) 必须要有出口。即函数必须要有终止自身调用的条件。如上例中的第⑤次调用 Fact(1)，此时 n=1，根据程序，不需要再次调用自身函数，直接得到返回结果 1。此处的 n=1即为该递归函数的出口。

(2) 迭代方式必须趋向于出口。如上例中每一次迭代调用时 n 的值均减 1，因此越来越接近出口 n=1。

编写递归函数解决递归问题非常方便，但往往并非最佳解决方案。以 Fibonacci 数列的前 10 项为例，对其非递归算法及递归算法进行比较。

$$\mathrm{Fib}(n)=\begin{cases}1 & n=0,1\\ \mathrm{Fib}(n-1)+\mathrm{Fib}(n-2) & n>2\end{cases}$$

图 7.5 Fibonacci 数列

Fibonacci 数列的定义如图 7.5 所示。

(1) 非递归函数方法

由 Fibonacci 数列的定义可知其迭代方式是 Fib(n)=Fib(n-1)+Fib(n-2)，因此非递归方法中可以使用三个变量 f0、f1、f2 完成此迭代。首先，将 f0 和 f1 均赋值为 1，由于每个元素是前两个元素的和，f2 即用来求解前两个元素之和——f2=f0+f1。接着应该通过 f1+f2 获取新元素的值，但为了便于循环，可以将 f1 的值送入 f0，f2 的值送入 f1，再通过 f2= f0+f1 获取新元素的值。

迭代过程如图 7.6 所示。

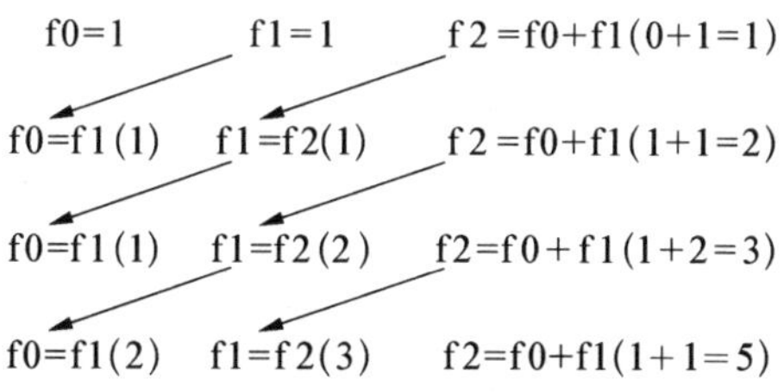

f0=1　　f1=1　　f2=f0+f1(0+1=1)

f0=f1(1)　　f1=f2(1)　　f2=f0+f1(1+1=2)

f0=f1(1)　　f1=f2(2)　　f2=f0+f1(1+2=3)

f0=f1(2)　　f1=f2(3)　　f2=f0+f1(1+1=5)

图 7.6 Fib 非递归迭代过程(多变量迭代)

具体代码参见 7.6.2_FibonacciExample1.py：

```
##非递归的 Fibonacci 函数求解
##方法 1:使用多变量迭代
def Fib(n):
```

```
    f0 = 1
    f1 = 1
    for i in range(2,n + 1):
        f2 = f0 + f1
        f0 = f1
        f1 = f2
    return f2

print("Fib( %d) = %d" % (5,Fib(5)))
```

运行结果如下：

```
Fib(5)=8
```

Python 中列表可以有序地存放多个元素，因此也可利用列表来实现迭代。首先置 Fiblist 为列表[1,1]，每次增加元素时，总是获取最后两个元素求和即可。迭代过程如图 7.7 所示。

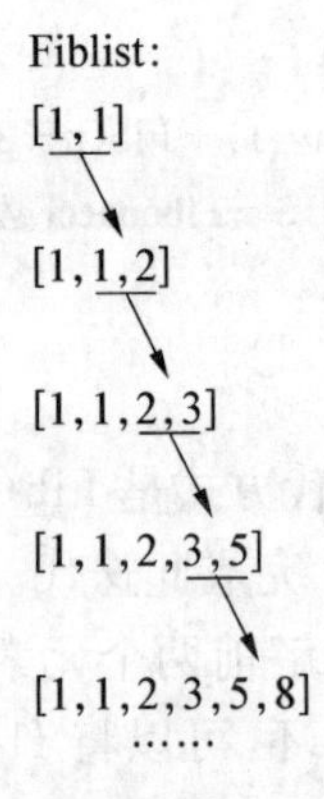

图 7.7　Fib 非递归迭代过程(列表元素迭代)

具体代码参见 7.6.3_FibonacciExample2.py：

```
##非递归的 Fibonacci 函数求解
##方法 2:利用列表操作
def Fib(n):
    Fiblist = [1,1]
    for i in range(2,n + 1):
        Fiblist += [Fiblist[ - 1] + Fiblist[ - 2]]
    return Fiblist[n]

print("Fib( %d) = %d" % (5,Fib(5)))
```

运行结果如下：

```
Fib(5)=8
```

(2)递归函数方法

Fibonacci 数列的定义是递归的，因此用递归函数编写对应的功能非常方便。代码参见 7.6.4_FibonacciExample3.py：

```
##递归的 Fibonacci 函数求解
def Fib(n):
    if n == 0 or n == 1:
        return 1
    else:
        return Fib(n - 1) + Fib(n - 2)

print("Fib(%d) = %d" % (5,Fib(5)))
```

运行结果如下：

```
Fib(5)=8
```

递归的问题用递归的函数实现，代码编写非常简单，但效率不一定高。图 7.8 即展示了 Fib(5)的调用过程，其中出现大量的重复计算。

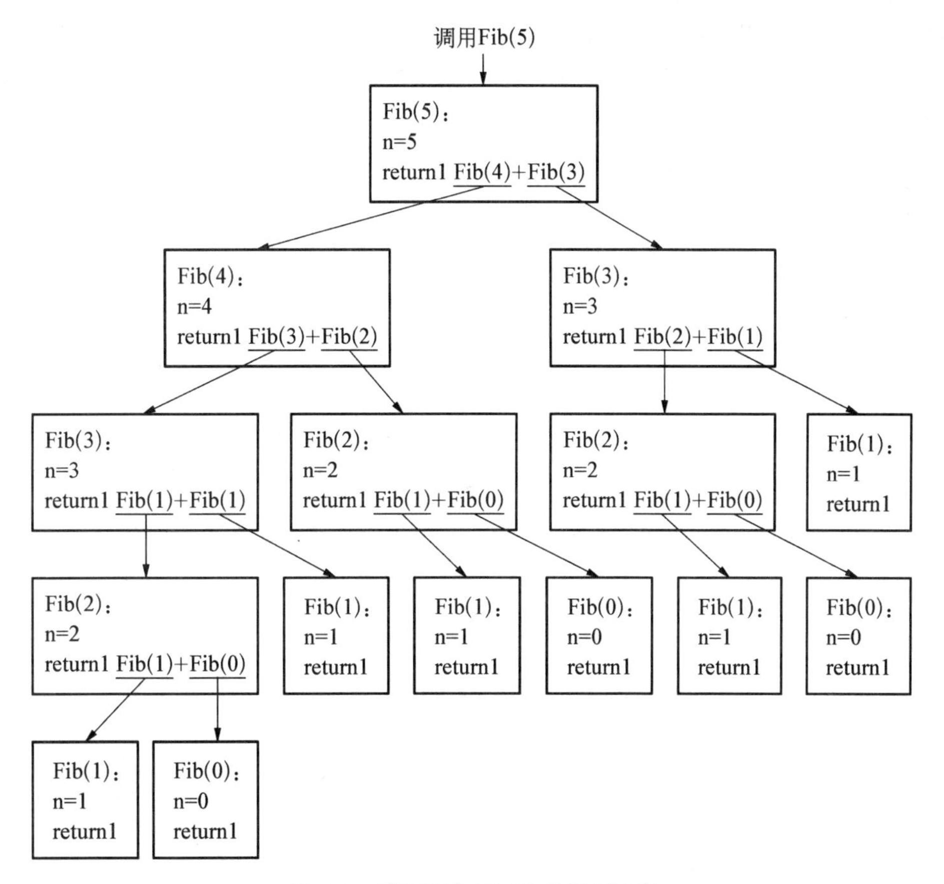

图 7.8 递归函数 Fib(5)的调用过程

7.7 函数示例

1. 素数

找出 1 000 以内符合条件的数：这个数本身是素数，它的各位数字也均为素数。

分析其步骤：

用循环在 1～1 000 之间依次判断这些数是否符合条件，循环内：

(1) 判断这个数是否是素数，若是，则进入第(2)步；若否，则继续判断下一个数。

(2) 利用循环判断这个数的各位数字是否是素数：

① 获取这个数的各位数字；

② 判断这个数字是否是素数，若是，继续判断下一个数字；若否，则退出循环，说明该数并非符合要求的数。

由于步骤中多次判断一个数是否是素数，因此可以将其编写成函数，避免代码冗余，以利于代码的复用。

判断一个数 n 是否是素数的算法如下：

(1) 若 $n<2$，则该数必定不是素数，直接返回结果 False；

(2) 若 $n\geqslant 2$，要判断 n 是否只有 1 和 n 这两个因子。即测试区间[2,n)内的整数均不是 n 的因子，只要有一个是 n 的因子，则无需继续测试即可返回结果 False；若经测试，均不是 n 的因子，此时则可返回结果 True。

代码参见 7.7.1_PrimeExample1.py：

```
def Prime(n) :
    if n < 2:
        return False
    for i in range(2,n):
        if n % i == 0:
            return False
    return True
```

这段代码还可以改进。正整数 x 若为正整数 n 的因子，则必存在一个正整数 y 使得 $n=x*y$ 成立。并且可知 x 与 y 这对因子必然有一个大于等于 $\sqrt{n}$，一个小于等于 $\sqrt{n}$。因此可知，若 n(除了 1 和 n 的因子)没有小于等于 $\sqrt{n}$ 的因子，则也不存在大于等于 $\sqrt{n}$ 的因子。故，测试 n 除 1 和 n 是否有其他因子时，只需测试小于等于 $\sqrt{n}$ 的情况即可。

代码参见 7.7.2_PrimeExample2.py：

```
import math
def Prime(n) :
    if n < 2:
        return False
```

```
    for i in range(2,int(math.sqrt(n)) + 1):
        if n % i == 0:
            return False
    return True
```

注:math 库中的 sqrt(n)的功能即为获取$\sqrt{n}$的值。

应用改进的判断一个数是否是素数的算法,查找 1～1 000 以内符合条件的数:这个数本身是素数,它的各位数字也均为素数。并且将符合条件的数每 5 个一行打印出来。

具体代码参见 7.7.3_PrimeExample.py:

```
import math
def Prime(n) :
    if n < 2:
        return False
    for i in range(2,int(math.sqrt(n)) + 1):
        if n % i == 0:
            return False
    return True

print("1000 以内符合条件的数:")
numcount = 0
for i in range(1,1001):
    if Prime(i):
        for ch in str(i):
            if not Prime(int(ch)):
                break
        else:
            print(" % 5d" % i,end = "")
            numcount += 1
            if numcount % 5 == 0:
                print()
```

运行结果如下:

```
1000 以内符合条件的数:
    2    3    5    7   23
   37   53   73  223  227
  233  257  277  337  353
  373  523  557  577  727
  733  757  773
```

2. 去重

去除列表中的重复数据，重复元素只保留一次。

考虑到集合中的数据是不重复的，可以通过转化为集合将重复元素只保留一次。具体代码参见 7.7.4_DelSameExample1.py：

```
def DelSame(numlist):
    numset = set(numlist)
    return list(numset)


numlist = [13,26,3,9,3,16,5,3,10]
print("删除前:",numlist)
print("删除后:",DelSame(numlist))
```

运行结果如下：

```
删除前：[13, 26, 3, 9, 3, 16, 5, 3, 10]
删除后：[3, 5, 9, 10, 13, 16, 26]
```

由运行结果可知，由于集合是无序类型，所以通过此法进行去重，改变了原数据的次序。

若要求保持原有次序，并且相同元素只保留第一个，则可通过增加一列表来实现。遍历原列表的每一个元素，若在新列表中未出现过(即在原列表中第一次遇到该元素)，则将其添加至新列表；若在新列表中已存在(即在原列表中出现的重复元素)，则放弃添加。具体代码参见 7.7.5_DelSameExample2.py：

```
def DelSame(numlist):
    newlist = []
    for item in numlist:
        if item not in newlist:
            newlist += [item]
    return newlist


numlist = [13,26,3,9,3,16,5,3,10]
print("删除前:",numlist)
print("删除后:",DelSame(numlist))
```

运行结果如下：

```
删除前：[13, 26, 3, 9, 3, 16, 5, 3, 10]
删除后：[13, 26, 3, 9, 16, 5, 10]
```

由运行结果可以看出，此法既保留了元素的原次序，同时相同元素只保留了第一个。

若要求保持原有次序，并且相同元素只保留最后一个。则可通过序列的 count 方法及 remove 方法来实现。通过 remove 方法删除元素时，只能删除第一个符合条件的元素。因此可以遍历序列中的每个元素，并统计目前序列中符合条件的元素是否存在多个，若统计的个数大于 1，则移除该元素；若统计的个数等于 1，则说明该元素已无重复，无需进行移除。具体代码参见 7.7.6_DelSameExample3.py：

```
def DelSame(numlist):
    i = 0
    while i < len(numlist):
        if numlist.count(numlist[i])> 1:
            numlist.remove(numlist[i])
        else:
            i+ =1
    return numlist

numlist = [13,26,3,9,3,16,5,3,10]
print("删除前:",numlist)
print("删除后:",DelSame(numlist))
```

运行结果如下：

```
删除前: [13, 26, 3, 9, 3, 16, 5, 3, 10]
删除后: [13, 26, 9, 16, 5, 3, 10]
```

由运行结果可以看出，此法既保留了元素的原次序，同时相同元素只保留了最后一个。

3. 凯撒密码

凯撒密码是由罗马军事家凯撒为了加密传递信息而发明的一种加密技术。它是一种简单的替换加密技术。加密之前的原文，称为明文；加密之后的内容，称为密文。凯撒密码的思路是将明文中的所有字母按字母表次序循环向前（或向后）偏移固定数目得到新的字母，从而构成密文。图 7.9 即展示了偏移量为 3 时的明文与密文的对应关系。

图 7.9 凯撒密码

将字母后移或前移几个字符，可以通过 ASCII 码的改变来实现。由于要实现字母表的循环偏移，即字母只能在“ABCD……UVWXYZ”中循环出现，即字母在字母表中的序号在 0～25 之间循环，这可以利用对 26 取余实现。“A”的 ASCII 码为 65，因此若 ch 为大写字母，则其序号为(ord(ch)－65)；“a”的 ASCII 码为 97，因此若 ch 为小写字母，则其序号为(ord(ch)－97)。

具体代码参见 7.7.7_CaesarCipherExample.py：

```
import string
def CaesarCipher(oritext,key):        ## oritext 为待加密的明文,key 为偏移量
    passtext = ""
```

```
    for ch in oritext:
        if ch in string.ascii_lowercase:
            passtext += chr(97 + (ord(ch) - 97 + key) % 26)
        elif ch in string.ascii_uppercase:
            passtext += chr(65 + (ord(ch) - 65 + key) % 26)
        else:
            passtext += ch
    return passtext

oristr = input("请输入一串字符:")
print ("密钥为 1 的密文为:" + CaesarCipher(oristr,1))
print ("密钥为 3 的密文为:" + CaesarCipher(oristr,3))
print ("密钥为 -3 的密文为:" + CaesarCipher(oristr, -3))
```

运行结果如下:

```
请输入一串字符:Hello World! ABCDEFUVWXYZ
密钥为 1 的密文为:Ifmmp Xpsme! BCDEFGVWXYZA
密钥为 3 的密文为:Khoor Zruog! DEFGHIXYZABC
密钥为-3 的密文为:Ebiil Tloia! XYZABCRSTUVW
```

4. 身份证校验

身份证号码以一定的规则进行组合排列,共 18 位。它们由左至右依次为:六位地址码,八位出生日期,三位顺序码以及一位校验码。其中校验码是由前 17 位信息码计算而得。计算规则如下:

(1) 将前 17 位数字分别乘以不同的系数并求和。

这 17 位数字对应的系数计算规则是:coef(i)=2 **(17−i)%11,i∈(0,16);

(2) 将(1)中求得的结果对 11 取余。

(3) 不同余数对应不同的校验码。余数 0~10 对应的校验码依次为 1、0、X、9、8、7、6、5、4、3、2。

现编写函数 IDVerify 验证身份证号码是否合法。根据给定身份证号的前 17 位计算其校验码,与该身份证号的第 18 位比对进行验证。具体代码参见 7.7.8_IDVerifyExample.py:

```
def IDVerify(ID):
    verilist = ["1","0","X","9","8","7","6","5","4","3","2"]
    sum = 0
    for i in range(17):
        sum += int(ID[i]) * (2 ** (17 - i) % 11)
    if verilist[sum % 11] == ID[17]:
        return True
    else:
```

```
        return False

ID1 = "320106200001010010"
print(" %s 验证结果为：%s" % (ID1,IDVerify(ID1)))
ID2 = "320106200001010011"
print(" %s 验证结果为：%s" % (ID2,IDVerify(ID2)))
```

运行结果如下：

```
320106200001010010 验证结果为：False
320106200001010011 验证结果为：True
```

本章小结

本章节主要介绍了函数的定义及调用方法，变量的作用域等内容。一个复杂程序，经常将子功能模块编写成函数，以便代码的复用，同时也使得程序代码结构的清晰。

本章还详细介绍了含可变参数、默认参数等函数的定义及调用方法，匿名函数的使用，递归函数的定义及分析。

最后通过素数、去重、凯撒密码及身份证验证等示例演示了函数的定义及调用。

习 题

一、选择题

1. 根据以下代码，函数调用会出错的是________。

```
def defaultParameters(arg1, arg2 = 2, arg3 = 3):
    print(arg1, arg2, arg3)
```

A. defaultParameters(10, arg3=10)
B. defaultParameters(arg3=10, arg1=10)
C. defaultParameters(10)
D. defaultParameters(arg2=10, arg3=10)

2. 以下程序的输出结果是________。

```
def func(x):
    if(x == 0 or x == 1):
        return 3
    p = x - func(x - 2)
    return p
print(func(9))
```

A. 7　　B. 2　　C. 0　　D. 3

二、编程题

1. 随机生成 20 个五位数，并求出其中的最大数与最小数的最大公约数并打印出结果。要求程序中包含一个函数 GCD，功能是求两个正整数的最大公约数。

2. 找出所有三位符合以下条件的数：这个数本身是素数，它的各位数字也都是素数。要求程序中包含一个函数 Prime，功能是判断一个正整数是否是素数。

3. 随机生成 30 个四位数，并找出其中的升序数。要求程序中至少包含一个函数 AscNum，功能是判断一个数是否是升序数。

4. 找出所有四位 Armstrong 数。如 $1634=1^4+6^4+3^4+4^4$。要求程序中包含一个函数 IsArmstrong，功能是判断一个数是否是 Armstrong 数。

5. 编程求解 1！+2！+3！+…+10！的结果，要求程序中包含一个函数 Fact，功能是求一个数的阶乘。

【微信扫码】
源代码 & 相关资源

进阶篇

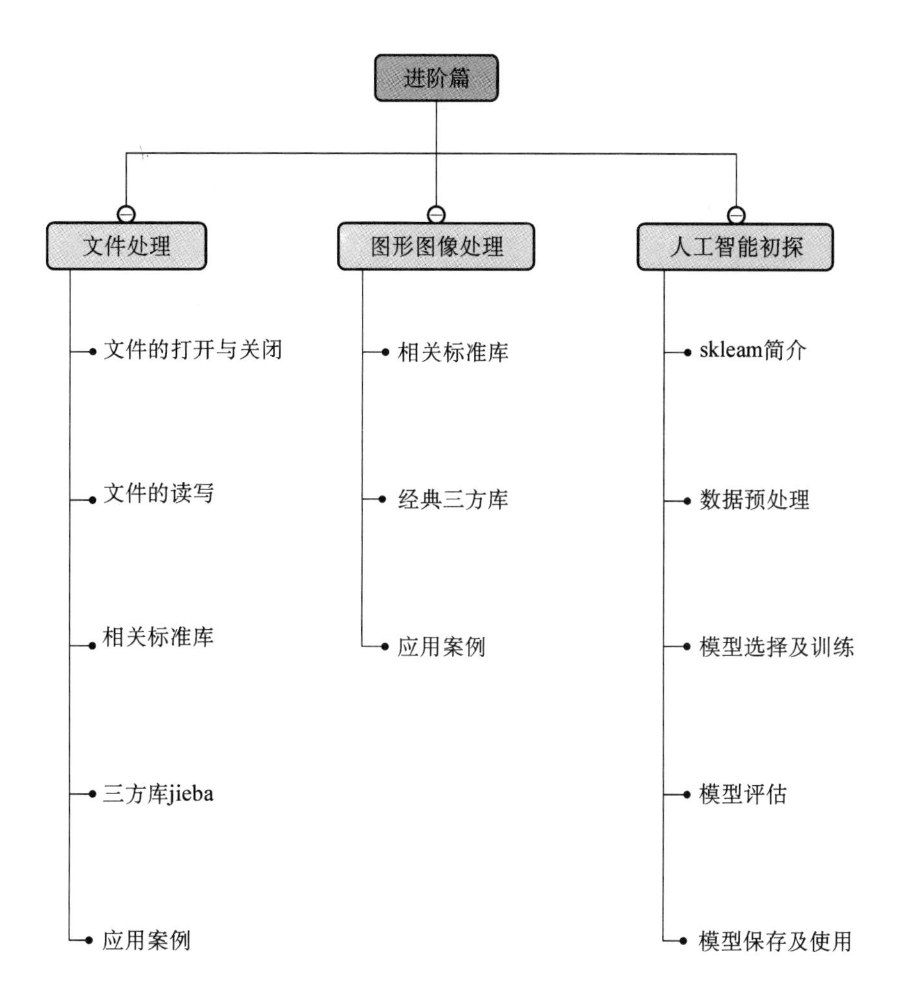

进阶篇
文件处理
图形图像处理
人工智能初探
文件的打开与关闭
文件的读写
相关标准库
三方库jieba
应用案例
相关标准库
经典三方库
应用案例
skleam简介
数据预处理
模型选择及训练
模型评估
模型保存及使用

第8章

文件处理

基础篇中程序与外部的交互都只是通过 input、print 等函数进行的。本章节将进一步介绍程序和外部存储进行交互的方法。

Python 提供了从外部存储设备上进行数据输入/输出的功能，这些存储在外部设备上的数据由文件构成的。文件，即存储在外部介质上的数据序列。多个应用程序可以通过文件共享数据。应用程序可以通过文件获取信息，也可将处理的结果记录在文件中长期保存。文件的读写操作是最常见的 IO 操作，Python 内置了很多文件操作相关的函数及方法。通过这些函数及方法可以轻松方便地对文件进行操作。

8.1 文件的打开与关闭

如果要访问存放在外部存储器中的数据，通常需要经过三步：打开文件、访问文件、关闭文件。

8.1.1 文件的打开

需要对文件进行读写操作，则首先第一步必须要打开文件。Python 内置的 open 函数即可以实现该操作。它们的语法格式分别为：

open(filename[, mode='r'][, buffering=－1][, encoding=None])

其中，filename 为待打开的文件的路径及名称。若该文件与程序在同一目录下，则文件的路径可以省略。为了方便程序的迁移，filename 通常给出是数据文件的相对路径。如，若程序文件的路径及名称为“D:\test\fileopentest. py”，数据文件的路径及名称为“D:\test\filetest. txt”，则打开该文件时的路径直接给出“'filetest. txt'”即可；若数据文件的路径及名称为“D:\test\testdir\filetest. txt”，则打开该文件时的路径直接给出“r'testdir\filetest. txt'”即可。未给出数据文件完整的路径，而是给出数据文件相对于程序文件的路径，此即为相对路径。注意，由于“\”字符后加上其他字符可以表示转义，表示一个新的字符，为了避免这种情况，通常在包含“\”的路径字符串前加上“r”字符，表示其后的字符串中所有字符均非转义字符，都表示字符本身。

open 函数中的 mode 参数指定打开文件的模式，是一个可选参数。它默认为“r”，表示以读取方式打开文件。它还有一些常用的值为“w”、“x”、“a”等等。“w”，表示以写入方式打开文件。注意，以“w”方式打开文件，则文件原来内容丢失，此方式为覆盖式写。“a”，表示以追加方式打开文件，追加在末尾位置。注意，若以“w”、“x”、“a”方式打开一个不存在的文件，则自动创建一个新的文件；但若以“r”方式打开一个不存在文件，则会报错。

open 函数中的 mode 参数可以参看表 8.1 所示。

表 8.1　文件打开模式

模式	含义
'r'	以读取方式打开文件(默认打开方式)
'w'	以写入方式打开文件，文件原内容被清空
'x'	新建文件并以写入方式打开该文件，若文件已存在则报错
'a'	以追加方式打开文件，追加在末尾位置
'b'	以二进制模式打开文件
't'	以文本模式打开文件(默认方式)
'+'	以读/写方式打开文件

其中，'b'、't'、'+' 方式可与 'r'、'w'、'x'、'a' 方式组合使用，如与程序在同一目录下的文件 filetest. txt 中的内容为“欢迎来到 Python 世界！Python 功能很强大！”，现欲读取其内容并打印。

为了理解下面例子中的代码，先简单了解下 file. read()，文件的 read 方法用于读取文件内容，若该方法参数为空，即表示将文件内容全部读出并返回。详细使用方法可以参见 8.2.1 小节。

示例 8.1.1_OpenFileExample. py 的功能是读取 filetest. txt 文件内容并打印：

```
##以文本文件读取方式打开文件
f = open("filetest.txt","r")
print("以 r(或 rt)方式打开:{}".format(f.read()))
f.close()
##以二进制文件读取方式打开文件
f = open("filetest.txt","rb")
print("以 rb 方式打开:{}".format(f.read()))
f.close()
```

打印结果如下：

```
以 r(或 rt)方式打开:欢迎来到 Python 世界！ Python 功能很强大！
以 rb 方式打开:b'\xbb\xb6\xd3\xad\xc0\xb4\xb5\xbdPython\xca\xc0\xbd\xe7\xa3\xa1Python\xb9\xa6\xc4\xdc\xba\xdc\xc7\xbf\xb4\xf3\xa3\xa1'
```

由打印结果可以看出，以文本文件读取方式打开文件，通过 print 函数，可以打印出文件内的文本内容，但以二进制读取方式打开文件，则通过 print 函数，只能打印出文本中的英文字符，而中文字符则打印其编码。在 shell 窗口中通过 encode 方法可以获取出中文汉字的编码。

```
>>> "欢".encode("gb18030")
b'\xbb\xb6'
>>> "迎".encode("gb18030")
b'\xd3\xad'
>>> "来到".encode("gb18030")
b'\xc0\xb4\xb5\xbd'
```

由此可见，以 rb 方式打开的文件，其打印的结果为对应文本的编码。

open 函数中的 buffering 参数，也是可选参数，用来控制文件的缓冲。若值为 0，则表示取消缓冲；若值为大于 1 的数值，则表示缓冲区的大小，以字节为单位；若值为小于 0，则表示使用默认的缓冲区大小。

open 函数中的 encoding 参数，也是可选参数，指定用来解码或编码的编码格式的名称。此参数只在文本模式中使用。默认编码依赖于平台。

例如，若现有文本文件 filetest_utf. txt，如图 8.1 所示，其编码格式为“utf－8”，其内容仍为“欢迎来到 Python 世界！ Python 功能很强大！”。

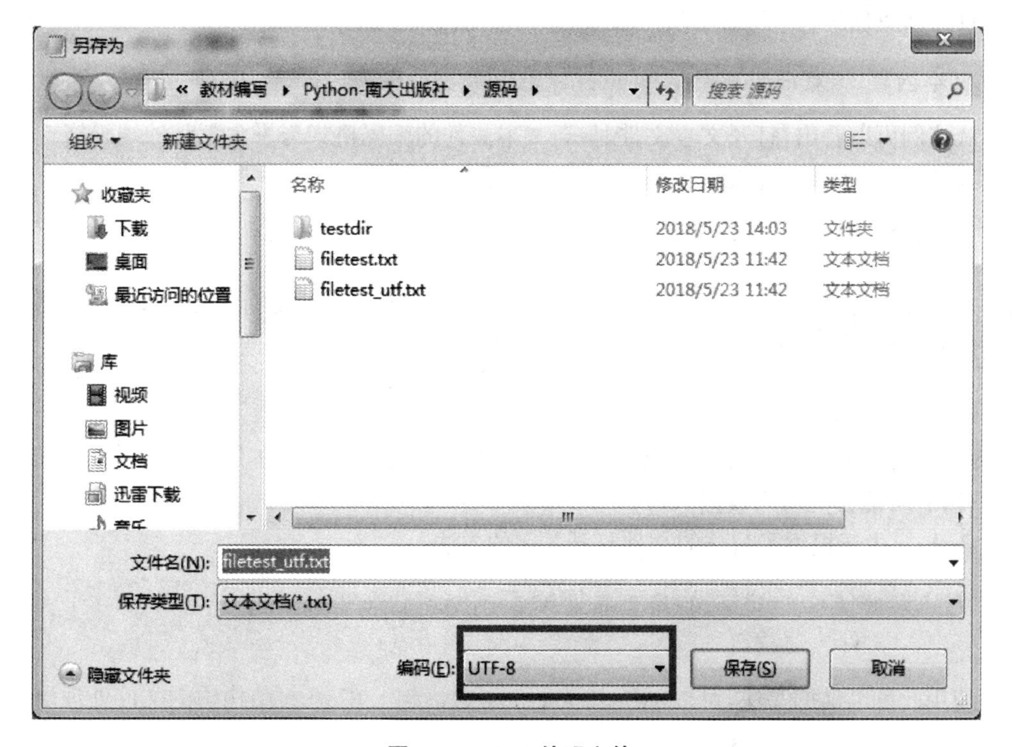

图 8.1　utf－8 编码文件

现欲读取其内容并打印，代码如下：

```
##以文本文件读取方式打开文件
f = open("filetest_utf.txt","r")
```

```
print("文本内容:{}".format(f.read()))
f.close()
```

打印结果如下:

```
Traceback (most recent call last):
  File "D:\教材编写\Python—南大出版社\源码\5.1.2.py", line 3, in <module>
    print("文本内容:{}".format(f.read()))
UnicodeDecodeError: 'gbk' codec can't decode byte 0xac in position 4: illegal multibyte
sequence
```

由打印结果可以看出,因为平台默认使用的编码是“gbk”,而用文本文件使用的是“utf-8”的编码方式,因此导致解码出错。encoding 参数即用于解决此类问题,可以通过 encoding 参数指定用于编码及解码的编码格式名称。如上述程序可以改为:

```
##以文本文件读取方式打开文件
f = open("filetest_utf.txt","r",encoding = "utf-8")
print("文本内容:{}".format(f.read()))
f.close()
```

打印结果如下:

```
文本内容: 欢迎来到 Python 世界! Python 功能很强大!
```

从该例可以看出,打开文本文件时,若文本文件的编码格式与平台默认的编码格式不同时,则需用 encoding 参数指定编码与解码的编码格式。

8.1.2 文件的关闭

对文件进行读写操作总是要经过打开文件、处理文件、关闭文件这三个步骤,一定要养成良好的文件使用习惯,即文件处理结束后要关闭文件。关闭文件的语句格式为:

```
file.close()
```

通过文件的 close 方法可以将打开的文件关闭。尤其带缓冲的写文件操作,若没有关闭文件,有可能丢失写入数据。

Python 中还提供了简洁的文件打开关闭的方法:

```
with open(filename[, mode = 'r']) as f:
    <文件处理语句>
```

使用此种简洁的写法,可以不用书写 f.close()语句。在 with 结构中的文件处理语句运行结束,会自动调用 f.close()关闭文件。

8.2 文件的读写

文件的读写操作是最常见的 IO 操作。通过文件的“读”操作可以获取文件中的数据，通过“写”操作可以向文件中写入内容，从而达到长期保存某数据或操作结果的目的。

8.2.1　文件的读取操作

文件的读取方法有很多，有内置的方法 read、readline 以及 readlines，还可以通过逐行读入语句进行读取。

1. read 方法

read 方法用于以字符或字节为单位读取文件内容。其格式如下：

```
file.read(num)
```

其中，file 为已打开待读取内容的文件对象，num 指定从文件读取的字符或字节数，若 open 时用"rb"模式打开文件，则 num 指定读取的字节数；若 open 时用"r"模式打开文件，则 num 指定读取的字符数。仍对内容为“欢迎来到 Python 世界！ Python 功能很强大!”的文件 filetest.txt 进行读取操作。

如示例 8.2.1_ReadExample.py：

```
f = open("filetest.txt","r")
print(f.read(4))
f.close()
```

则运行结果为：

```
欢迎来到
```

小贴士：若 open 时以"rb"模式打开文件，则执行 print(f.read(4))，返回“欢迎”，因为用"rb"模式打开文件时，以字节为单位读取内容，而每个汉字占两个字节。

若该方法参数为空，表示将文件内容全部读出并返回，即可以通过 f.read()的调用返回文件中的所有内容。注意，f.read()是将文件所有内容读入内存，仅适用于文件小于内存空余空间的情况。

2. readline 方法

在读文件的过程中，有时会遇到文件过大，无法用 f.read()直接读出所有内容；有时文件中的每一行代表一条记录信息，此时就可以以行为单位进行读取处理。通过 readline 方法即可以行为单位进行读取。其格式为：

```
file.readline(num)
```

该方法虽然也可以有参数 num，但使用了参数 num，等价于 file.read(num)，因此使用较少。

该方法通常使用方法为 file.readline()，其功能为读出文件中的一行内容，即从当前位置开始读取，直到遇到换行符。例读取文件 readexample.txt，文件内容如图 8.2 所示。

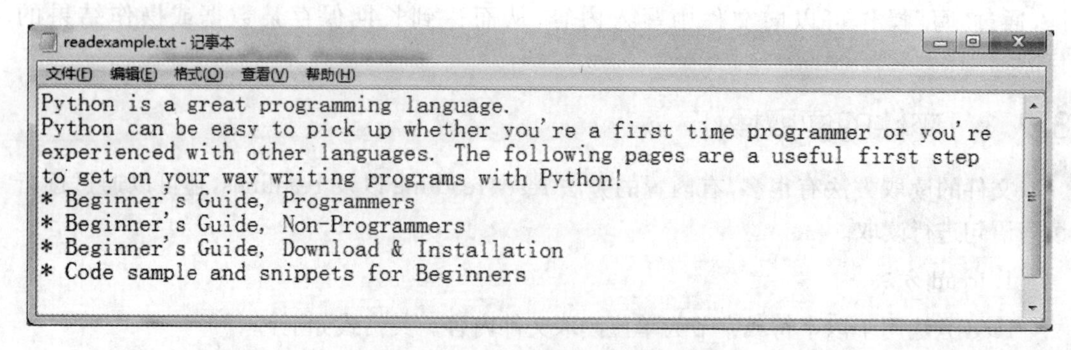
```
Python is a great programming language.
Python can be easy to pick up whether you're a first time programmer or you're
experienced with other languages. The following pages are a useful first step
to get on your way writing programs with Python!
* Beginner's Guide, Programmers
* Beginner's Guide, Non-Programmers
* Beginner's Guide, Download & Installation
* Code sample and snippets for Beginners
```

图 8.2　readexample. txt 文件内容

代码如示例 8.2.2_ReadlineExample. py 所示：

```
f = open("readexample.txt","r")
print(f.readline())
print(f.read(6))
print(f.readline())
print(f.readline(1))
print(f.readline())
f.close()
```

运行结果如下：

```
Python is a great programming language.

Python
can be easy to pick up whether you're a first time programmer or you're experienced with other languages. The following pages are a useful first step to get on your way writing programs with Python!

*
Beginner's Guide, Programmers
```

代码中，首先通过 f. readline()读出文件的一行内容，通过 f. read(6)读出了 6 个字符，又通过 f. readline()获取当前位置到本行结束的内容(注意，程序语言中，回车换行符为行结束标记)，接着通过 f. readline(1)读出 1 个字符，又通过 f. readline()获取当前位置到本行结束的内容。

由代码可以看出 file. read(num)与 file. readline(num)等价，均为从当前位置读取 num 个字符；file. read()表示读取文件所有内容；file. readline()表示从当前位置开始读至本行结束。返回的结果均为字符串类型。

3. readlines *方法*

通过 readlines 方法可以以行为单位读出文件的所有内容，并返回一个列表，该列表中的元素即为每一行内容构成的字符串。其格式为：

```
file.readlines()
```

对图 8.2 所示的 readexample. txt 文件执行示例 8. 2. 3_ReadlinesExample. py 中代码：

```
f = open("readexample.txt","r")
print(f.readlines())
f.close()
```

运行结果如下：

['Python is a great programming language. \n', "Python can be easy to pick up whether you're a first time programmer or you're experienced with other languages. The following pages are a useful first step to get on your way writing programs with Python! \n", " * Beginner's Guide, Programmers\n", " * Beginner's Guide, Non-Programmers\n", " * Beginner's Guide, Download & Installation \n", ' * Code sample and snippets for Beginners']

小贴士：运行结果中的“\n”即表示回车换行符。

read、readline 以及 readlines 方法的使用方法各有不同，在实际运用中根据所需进行的操作选择不同的读取方式。

4. 逐行读取语句

通过 file. readlines()可以读取出每一行内容作为元素构成的列表，但它与 file. read()一样，是将文件所有内容均读入内存。若文件很多，显然这样的方法是不合适的。

当待读取内容的文件很大时，可以通过逐行读取语句来实现逐步地读入内存。如对图 8. 2. 1 所示的 readexample. txt 文件执行示例 8. 2. 4_ForLineExample. py 中代码：

```
f = open("readexample.txt","r")
for line in f:
        print(line)
f.close()
```

运行结果如下：

Python is a great programming language.

Python can be easy to pick up whether you're a first time programmer or you're experienced with other languages. The following pages are a useful first step to get on your way writing programs with Python!

*** Beginner's Guide, Programmers**

*** Beginner's Guide, Non-Programmers**

* **Beginner's Guide，Download & Installation**
* **Code sample and snippets for Beginners**

通过“for line in file:”即可逐步读出文件的每一行。其中 line 自定义变量，表示每一行，file 为打开的文件对象。该读取方法较为常用。

8.2.2 文件的写操作

Python 提供了 2 个写文件的方法，分别是 write 和 writelines。

1. write 方法

通过 write 方法可以直接将某字符串写入文件。其格式如下：

```
file.write(str)
```

其中，file 为打开的准备写入的文件对象，str 为待写入文件的字符串。执行该语句后，即将字符串 str 写入文件 file 中。

如示例 8.2.5_WriteExample1.py：

```
f = open("writeexample.txt","w")
f.write("hello world!")
f.write("Python is a great programming language.")
f.close()
```

先后两次通过 write 方法向文件写入内容，执行后，文件内容如图 8.3 所示。

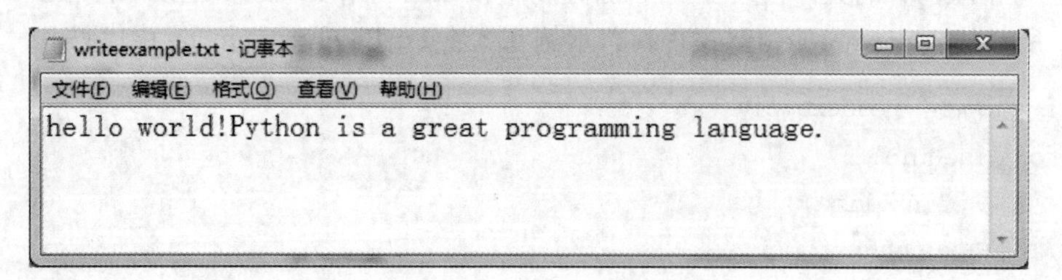

图 8.3 writeexample.txt 文件内容

由此可以看出，通过 write 方法向文件内写入内容，并不会自动换行，若需要换行，则需添加换行符“\n”。

将上述代码修改为示例 8.2.6_WriteExample2.py：

```
f = open("writeexample.txt","w")
f.write("hello world! \n")
f.write("Python is a great programming language.")
f.close()
```

运行后，文件内容如图 8.4 所示。

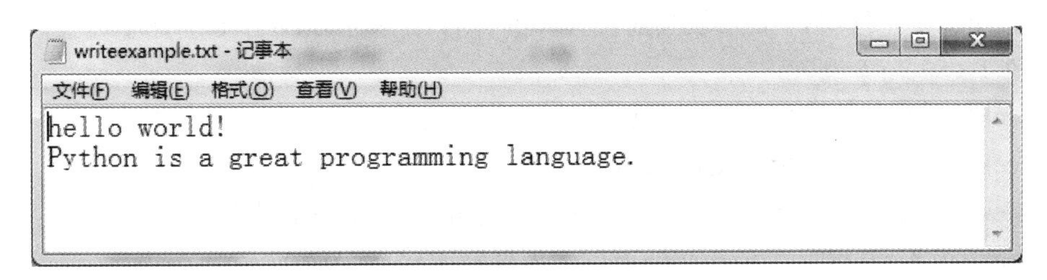

图 8.4　writeexample.txt 文件更新后内容

2. writelines *方法*

writelines 方法与 readlines 方法互为逆操作。readlines 方法返回以文件中每一行内容作为元素的列表；而 writelines 方法是将由若干字符串构成的列表中的每一元素写入文件。其格式为：

```
file.writelines(strlist)
```

其中，file 为打开的待写入的文件，strlist 为字符串列表。通过该方法的调用，可以将 strlist 中的所有元素均写入文件。注意，使用 writelines 也不会自动换行，因此若要换行，则需自行添加回车换行符“\n”。

如示例 8.2.7_WritelinesExample.py：

```
f = open("writeexample.txt","w")
f.writelines(["Python","Programming Language\n","I like it."])
f.close()
```

运行后，文件内容如图 8.5 所示。

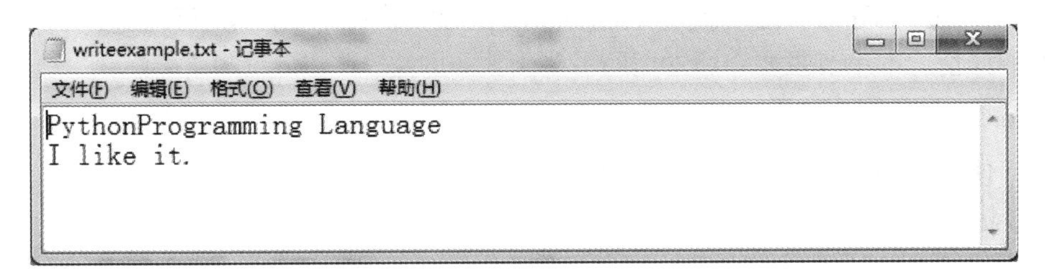

图 8.5　执行 writelines 后 writeexample.txt 文件内容

8.2.3　文件的定位操作

文件的当前读写位置与文件的读写操作密切相关。读写位置总是停在上一次操作结束后的位置。有时需要在指定位置进行读写，此时即需要配合 seek 和 tell 方法使用。

1. seek *方法*

通过 seek 方法可以将当前的读写位置设为指定位置。其格式为：

```
file.seek(offset[, whence = 0])
```

其中，file 为打开的文件；offset 为偏移量；whence 参数指出从哪个位置开始偏移，0 表示从文件开头开始偏移，1 表示从当前位置开始偏移，2 表示从文件末尾开始偏移。如已打开的文件 f：

f. seek(0, 0)表示定位至文件开头

f. seek(0, 2)表示定位至文件末尾

f. seek(10, 0)表示定位至从文件开头向后偏移 10 个字节的位置

f. seek(10,2)表示定位至从文件末尾向前偏移 10 个字节的位置

f. seek(10,1)表示定位至当前位置向后偏移 10 个字节的位置

值得注意的是，若以文本文件方式打开文件，则只能从文件开头开始偏移，即 whence 参数只能为 0；但若以二进制方式打开文件，则三种偏移均可，即二进制方式打开文件，则 whence 参数可取 0,1,2。

2. tell 方法

通过 tell 方法可以返回文件指针的当前位置，即文件读写的当前位置。其格式为：

```
file.tell()
```

其中，file 为打开的文件。经常会将 tell 与 seek 这两个方法结合使用定位至文件需要处理的位置。

8.3 相关标准库

8.3.1 os 模块

os 模块提供了很多与操作系统交互的功能。例如删除某文件、查看文件夹内文件列表、运行 shell 命令等等。使用该模块，必须先导入该模块(import os)，可以通过 help(os)查看该库的详情。本小节主要介绍常用的一些函数和方法。

1. os. name

返回使用的平台类型，如若是 Windows 则返回 'nt'，若是 Unix、Linux(包括 android)则返回 'posix'。

2. os. getcwd()

获取当前工作目录，即当前 Python 脚本工作的目录路径。

3. os. chdir (dirpath)

改变工作目录为 dirpath

4. os. listdir (dirpath)

获取 dirpath 路径下所有的文件，返回该路径下所有文件的文件名构成的列表。

5. os. remove (filepathname)

删除文件 filepathname。

6. os. system (command)

执行 command 给出的 shell 命令。如：

os. system("calc")则会打开计算器,如图 8. 6 所示。

图 8.6　计算器

os. system("cmd")则会打开 command 命令窗口,如图 8. 7 所示。

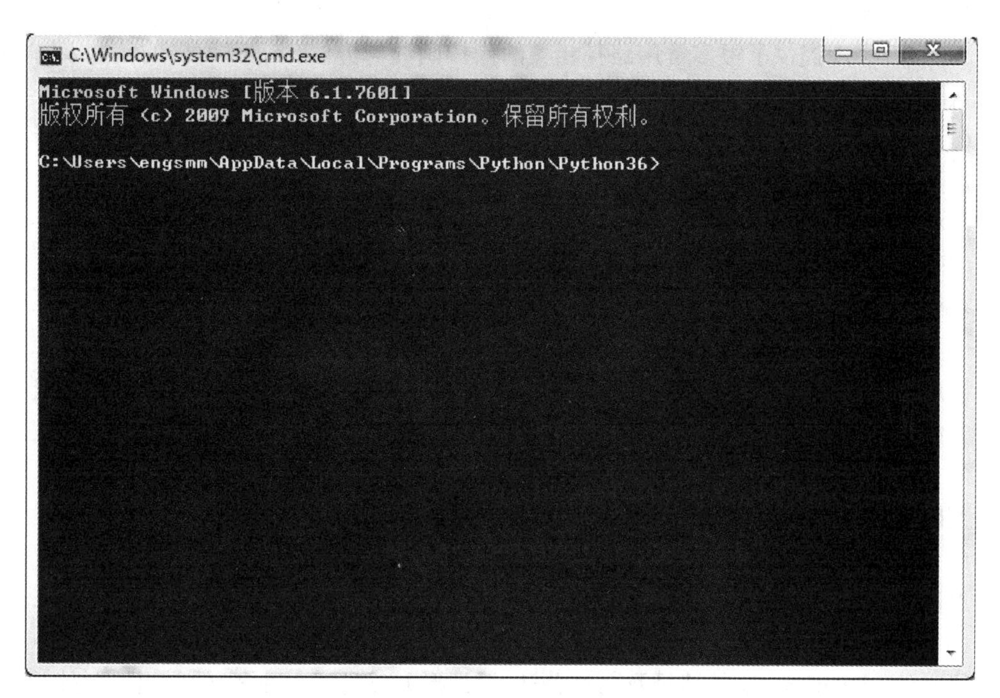

图 8.7　command 命令窗口

7. os. mkdir (dirpath)

创建目录,即在 dirpath 参数给定的位置创建目录。如:执行 os. mkdir ("D:\\mkdirtest"),则会在 D 盘创建新的文件夹 mkdirtest,若该文件已存在,则报错。

8. os. rmdir (dirpath)

删除由 dirpath 指定的空目录。注意,若 dirpath 目录内有其他文件或文件夹,则报错。os. rmdir 只能删除空目录。

9. os. rename (oldname,newname)

将 oldname 文件重命名为 newname,此方法不仅可以重命名文件,还可以移动文件。如原文件路径及名称为"D:\renameexample\oldfilename. txt",现执行:

```
>>> import os
>>> os.rename("D:\\renameexample\\oldfilename.txt", "D:\\renameexample\\newfilename.txt")
```

则原文件位置不变,名称改为"newfilename. txt",继续执行:

```
>>> os.rename("D:\\renameexample\\newfilename.txt", "D:\\newfilename.txt")
```

此时,该语句的功能即为将 newfilename. txt 文件从"D:\ renameexample"文件夹移动至D盘根目录。

os. rename 中,若 oldname 与 newname 参数的路径相同、名称不同,则实现重命名功能;若这两个参数的名称相同,但路径不同,则实现文件的移动功能。

10. os. path

os. path 子库提供了很多常用路径相关的操作函数与方法。下面列出的函数及方法中的 filepathname 表示文件的路径及名称。

(1) os. path. abspath (filepathname)

通过该函数可以获取文件 filepathname 完整的路径,即绝对路径。此处 filepathname 通常是相对路径。此函数经常用于根据相对地址给出的文件获取其绝对地址。

(2) os. path. basename (filepathname)

获取文件 filepathname 的不含路径的文件名。

(3) os. path. dirname (filepathname)

获取文件 filepathname 的路径(不含文件名),若 filepathname 给出的绝对路径,则返回绝对路径,但若给出的相对路径,则也相应返回相对路径。

(4) os. path. exists (filepathname)

判断文件 filepathname 是否存在,若存在则返回 True,否则返回 False。

(5) os. path. getsize (filepathname)

返回文件 filepathname 的大小,如果文件不存在就返回错误。

(6) os. path. split (filepathname)

将文件 filepathname 的路径及名称分开,返回形如(路径,文件名)的元组。此处的路径是绝对路径还是相对路径由 filepathname 决定。

8.3.2 json 模块

json 模块是 Python 提供的处理 JSON 格式数据的标准库。JSON 格式是一种数据交换格式,其层次结构清晰,是目前广泛使用的数据格式。json 模块即为处理该格式数据提供了便捷。使用该模块,首先必须导入,即执行"import json"语句。

json 模块提供了一些处理 JSON 格式数据的函数。本小节主要介绍这些 JSON 格式数据处理函数。

1. json. dump

json. dump 函数的功能是将 Python 格式数据转化为 JSON 格式字符串，并返回结果至指定文件。

json. dump 函数的格式如下：

```
json.dump(obj,fp)
```

其中，obj 为待转为 JSON 字符串格式的数据，fp 为转换后结果记录文件。如示例 8. 3. 1_JsonDumpExample. py：

```
import json
f = open("jsontest.json","w")
json.dump({"sname":"Tom","score":90},f)
f.close()
```

运行后，jsontest. json 文件中的内容如图 8. 8 所示。

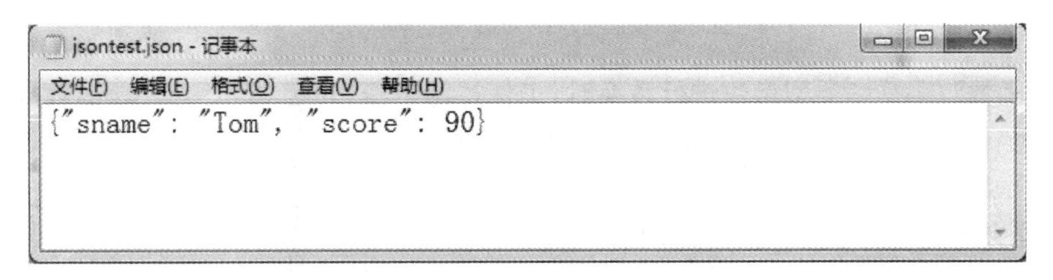

图 8. 8　jsontest. json 文件内容

2. json. load

json. load 函数功能是将 JSON 字符串转换为 Python 格式数据，此为 json. dump 函数的逆操作。其格式如下：

```
json.load(fp)
```

其中，fp 为待读出 JSON 字符串的文件。通过该函数，将读出的 JSON 格式字符串转换为 Python 数据格式。

如执行示例 8. 3. 2_JsonLoadExample. py 代码：

```
import json
f = open("jsontest.json","r")
print(json.load(f))
f.close()
```

运行结果为：

```
{'sname': 'Tom', 'score': 90}
```

3. json. dumps

json. dumps 函数的功能与 json. dump 函数类似，将 Python 格式数据转化为 JSON 格

式字符串,但 json.dumps 函数直接返回 JSON 字符串。

json.dumps 函数的格式如下:

```
json.dumps(obj)
```

其中,obj 为待转为 JSON 字符串的 Python 格式数据。

json.dumps 函数的功能与 str 函数类似,但又有区别。如:

```
>>> import json
>>> json.dumps({"sname":"Tom","score":90})
'{"sname": "Tom", "score": 90}'
>>> str({"sname":"Tom","score":90})
"{'sname': 'Tom', 'score': 90}"
>>> json.dumps('hello world')
'"hello world"'
>>> str('hello world')
'hello world'
```

str 函数对字符串类型参数进行转换时,仍保持源字符串;但 json.dumps 函数则不然,上例中用 json.dumps 函数对 'hello world' 进行转换时,结果为 '"hello world"'。此时 json.dumps('hello world')和 str('hello world')的结果分别使用 eval 函数(eval 函数是将字符串类型数据去除外层引号获取 Python 格式数据)获取其对应的 Python 格式数据,则前者可以正确获取到字符串 'hello world',后者则会报错。如:

```
>>> eval(json.dumps('hello world'))
'hello world'
>>> eval(str('hello world'))
Traceback (most recent call last):
  File "<pyshell#6>", line 1, in <module>
    eval(str('hello world'))
  File "<string>", line 1
    hello world
              ^
SyntaxError: unexpected EOF while parsing
```

4. json.loads

json.loads 函数功能与 json.load 函数类似,将 JSON 字符串转换为 Python 格式数据,此为 json.dumps 函数的逆操作。其格式如下:

```
json.loads(str)
```

其中,str 为待转换的 JSON 字符串。通过该函数,将 JSON 格式字符串转换为 Python 数据格式。如:

```
>>> json.loads('{"sname": "Tom", "score": 90}')
{'sname': 'Tom', 'score': 90}
```

8.4 经典三方库 jieba 模块

英文文章中，若需分离单词，通过 split 方法即可完成此操作，但中文文章的分词则不然。若需在中文文章中找出其中的关键词，则需对中文进行解析，jieba 模块即用于对中文文章进行分词操作。

jiaba 模块并非 Python 标准库，因此需要安装后才能使用。Python 3 安装三方库较为简单，只需在命令窗口下输入“pip install jieba”即可完成 jieba 模块的安装。

8.4.1 jieba 常用分词

jieba 模块是通过将待处理内容与与分词词库进行比对，按指定策略获得包含的分词。它提供了三种分词策略：

(1) 全模式：将语句中所有可以成词的词语均获取出来，此模式获取分词速度较快，但无法避免歧义。

(2) 精确模式：将语句精确地切分，此模式特别适合文本分析。

(3) 搜索引擎模式：此模式也将语句精确地切分，但它与精确模式不同的是，它还会将长词语再次切分，比较适合搜索引擎。

1. jieba.cut

该函数提供了全模式分词和精确模式分词两种方式。格式为：

```
jieba.cut( sentence, cut_all = False, HMM = True)
```

其中，sentence 为待分词的语句，为字符串类型。cut_all 为分词模式，该参数取 True 值时，使用全模式进行分词；该参数为 False 值时，使用精确模式进行分词；默认为精确模式分词。HMM 指定是否使用 HMM 模型。

如示例 8.4.1_JiebaCutExample.py：

```
import jieba
seg_list = jieba.cut("中国人民发自内心地拥护实现中国梦，因为中国梦首先是
14 亿中国人民的共同梦想", cut_all = True)
print("full pattern: " + ", ".join(seg_list))                ##全模式
seg_list = jieba.cut("中国人民发自内心地拥护实现中国梦，因为中国梦首先是
14 亿中国人民的共同梦想", cut_all = False)
print("accurate pattern: " + ", ".join(seg_list))            ##精确模式
seg_list = jieba.cut("中国人民发自内心地拥护实现中国梦，因为中国梦首先是
14 亿中国人民的共同梦想")                                     ##默认是精确模式
print("default pattern: " +", ".join(seg_list))
```

运行结果如下：

```
full pattern：中国，国人，人民，发自，发自内心，自内心，内心，心地，拥护，实现，中国，梦，，，因为，中国，梦，首先，先是，14，亿，中国，国人，人民，的，共同，梦想
accurate pattern：中国，人民，发自内心，地，拥护，实现，中国，梦，，，因为，中国，梦，首先，是，14，亿，中国，人民，的，共同，梦想
default pattern：中国，人民，发自内心，地，拥护，实现，中国，梦，，，因为，中国，梦，首先，是，14，亿，中国，人民，的，共同，梦想
```

2. jieba.cut_for_search

该函数采用搜索引擎模式进行分词。格式为：

```
jieba.cut_for_search( sentence, HMM = True)
```

其中，sentence为待分词的语句，为字符串类型。HMM指定是否使用HMM模型。如：

```
>>> seg_list = jieba.cut_for_search("中国人民发自内心地拥护实现中国梦,因为中国梦首先是14亿中国人民的共同梦想")
>>> print("search model: " +", ".join(seg_list))
search model：中国，国人，人民，中国人民，发自，内心，自内心，发自内心，地，拥护，实现，中国，梦，，，因为，中国，梦，首先，是，14，亿，中国，国人，人民，中国人民，的，共同，梦想
```

8.4.2 jieba分词干涉

1. jieba.suggest_freq

jieba.suggest_freq函数是配合jieba.cut函数使用的。当jieba.cut函数中HMM取False时，可以通过jieba.suggest_freq函数调整设定词语的词频，对分离结果进行干预。格式为：

```
jieba.suggest_freq(segment, tune = False)
```

其中，segment为待干预分词，若该词应独立成词，则为字符串类型；若指定某次需再次划分，则将再次划分的词构成元组作为参数。tune若为True，则调整词频。

如：

```
>>> import jieba
>>> seg_list = jieba.cut("中国人民发自内心地拥护实现中国梦,因为中国梦首先是14亿中国人民的共同梦想", HMM = False)
>>> print("default pattern: " +", ".join(seg_list))
default pattern：中国，人民，发自内心，地，拥护，实现，中国，梦，，，因为，中国，梦，首先，是，14，亿，中国，人民，的，共同，梦想
>>> jieba.suggest_freq("中国人民",tune = True)
95
```

```
>>> seg_list = jieba.cut("中国人民发自内心地拥护实现中国梦,因为中国梦首先是14亿中国人民的共同梦想", HMM=False)
>>> print("adjust pattern: " +", ".join(seg_list))
adjust pattern: 中国人民, 发自内心, 地, 拥护, 实现, 中国, 梦, ,, 因为, 中国, 梦, 首先, 是, 14, 亿, 中国人民, 的, 共同, 梦想
```

通过 jieba.suggest_freq 函数设定"中国人民"的词频,使得"中国人民"成词不分离。通过该函数对分离结果进行干预。通过该函数还可以使得某些词语分离出来。如:

```
>>> jieba.suggest_freq(("中国","人民"), tune=True)
94
>>> seg_list = jieba.cut("中国人民发自内心地拥护实现中国梦,因为中国梦首先是14亿中国人民的共同梦想", HMM=False)
>>> print("adjust pattern: " +", ".join(seg_list))
adjust pattern: 中国, 人民, 发自内心, 地, 拥护, 实现, 中国, 梦, ,, 因为, 中国, 梦, 首先, 是, 14, 亿, 中国, 人民, 的, 共同, 梦想
```

2. jieba.add_word

遇到中文内容解析时,姓名经常会无法正确解析,通常采用 jieba.add_word 将该姓名添加至词库。格式为:

```
jieba.add_word(word, freq=None, tag=None)
```

其中,word 为添加的分词;freq 为添加的词语 word 的词频;tag 为添加的词语 word 的词性。如:

```
>>> import jieba
>>> wordslist = jieba.cut("李慕天天不亮就起床了,每天认真学习 Python")
>>> print("default pattern:" + ",".join(wordslist))
default pattern:李慕,天天,不亮,就,起床,了,,,每天,认真学习,Python
>>> jieba.add_word("李慕天")
>>> wordslist = jieba.cut("李慕天天不亮就起床了,每天认真学习 Python")
>>> print("default pattern:" + ",".join(wordslist))
default pattern:李慕天,天不亮,就,起床,了,,,每天,认真学习,Python
```

8.4.3 词性标注 posseg

jieba.posseg 模块提供的分词 cut 方法不仅可以返回解析出来的词语,还可以返回这些词语的词性。如:

```
>>> import jieba.posseg
>>> wordslist = jieba.posseg.cut("中国梦首先是14亿中国人民的共同梦想")
```

```
>>> for word in wordslist:
print(word.word,word.flag)
中国 ns
梦 n
首先 d
是 v
14 m
亿 m
中国 ns
人民 n
的 uj
共同 d
梦想 n
```

8.4.4 关键词提取 analyse

jieba.analyse模块提供了基于TF-IDF算法的关键词提取方法。TF-IDF算法用于评估分词在文件中的重要程度。该算法不仅考虑该分词在本文件中的出现次数,还考虑该分词在语料库中的频率。一篇文档的关键词应该符合在本文档中出现次数较高,而在预料库中的频率相对较低的要求。extract_tags即可以使用TF-IDF算法进行关键词提取。格式如下:

```
extract_tags(sentence, topK = 20, withWeight = False, allowPOS = (), withFlag
= False)
```

其中,sentence为待分词的文本内容;topK指定提取的关键词数量;withWeight指定分词结果是否包含对应分词的权重;allowPOS指定提取的关键词的词性,指定词性后,withFlag指定分词结果是否包含对应分词的词性。

如:

```
>>> import jieba.analyse
>>> wordslist = jieba.analyse.extract_tags("中国人民发自内心地拥护实现中国
梦,因为中国梦是中国人民的共同梦想",topK = 5)
>>> print(wordslist)
['中国','发自内心','人民','拥护','梦想']
>>> wordslist = jieba.analyse.extract_tags("中国人民发自内心地拥护实现中国
梦,因为中国梦是中国人民的共同梦想",topK = 5,withWeight = True)
>>> print(wordslist)
[('中国', 1.0091068955533333), ('发自内心', 0.88070609515), ('人民', 0.
8682271833883334), ('拥护', 0.6574508731308334), ('梦想', 0.6458395736275)]
>>> wordslist = jieba.analyse.extract_tags("中国人民发自内心地拥护实现中国
梦,因为中国梦是中国人民的共同梦想",topK = 5,allowPOS = ("n","ns"))
```

```
>>> print(wordslist)
['中国', '人民', '梦想']
>>> wordslist = jieba.analyse.extract_tags("中国人民发自内心地拥护实现中国梦,因为中国梦是中国人民的共同梦想",topK = 5,allowPOS = ("n","ns"),withFlag = True)
>>> print(wordslist)
[pair('中国', 'ns'), pair('人民', 'n'), pair('梦想', 'n')]
```

8.5 案例 1 英文文本分析

现有一英文文本文件“I have a dream. txt”，欲统计其中单词出现频率最高的 10 个单词。

算法思路：

首先，获取出该文本文件中所有的单词；

接着，统计每个单词出现的次数；

最后，按单词出现次数由高至低的顺序进行排序，并返回前 10 项。

首先实现第一步，即从文本文件中读取出的内容分离出单词。split 方法可以直接将文本按分隔符进行分离，但此分隔符必须是指定的某种分隔符，而文章中有“,”、“.”、“:”等等多种分隔符，无法直接使用 split 方法进行分离。string 库中提供了 string. punctuation 和 string. whitespace，分别表示所有的标点符号和所有的空白字符(如回车符等)，因此可以将文中这些分割符都先替换为空格，使得分隔符单一化，这样便于使用 split 方法。

将文本中所有分隔符均替换为空格后，会出现连续空格，因此，通过 split 方法分离后的单词列表中会出现空字符串构成的单词。要去除这些空单词，只需使用 remove 方法即可，remove 方法可通过给定需删除的元素内容来删除对应元素，但只能删除一个，因此需利用循环，只要单词列表中还存在空单词，则执行 remove 来移除空单词。

实现的代码如下：

```
import string
def splitwords(filepathname):
    f = open(filepathname,"r")
    filedata = f.read()
    f.close()
    for ch in string.punctuation + string.whitespace:
        filedata = filedata.replace(ch," ")
    wordslist = filedata.split(" ")
    while "" in wordslist:
        wordslist.remove("")
    return wordslist
```

```
wordslist = splitwords("I have a dream.txt")
print(wordslist)
```

该函数过程 splitwords(filepathname)实现了将 filepathname 文件分离成单词列表并返回。通过语句 wordslist=splitwords("I have a dream.txt")调用了 splitwords 函数，实现对英文文本文件“I have a dream.txt”单词的分离，并返回结果单词列表。

单词列表获得后即可统计每个单词出现的次数。统计的结果中，每个单词都对应了它出现的次数，这种一一对应的关系通常用字典来实现。代码实现如下：

```
wordtimesdic = {}
for word in wordslist:
    if word not in wordtimesdic:
        wordtimesdic[word] = wordslist.count(word)
print(wordtimesdic)
```

首先，定义新字典 wordtimesdic 用来记录每个单词及其出现次数。遍历单词列表，若该单词不在字典中，即尚未统计其次数，则通过列表的 count 方法统计该单词出现的次数。以该单词为键，次数为值，将它们增加至 wordtimesdic 字典中。此功能也可写作如下代码：

```
wordtimesdic = {}
for word in wordslist:
    if word not in wordtimesdic:
        wordtimesdic[word] = 1
    else:
        wordtimesdic[word] += 1
print(wordtimesdic)
```

遍历单词列表，若该单词不在字典中，说明第一次遇到该单词，向字典中增加形如“该单词:1”的键值对，若该单词已在字典中，说明已统计过该单词已经出现过的次数，则需将该单词的出现次数加 1。

统计出各单词出现的次数，由字典 wordtimesdic 返回。由于字典非序列，不可以进行排序操作，因此，需要获取“(单词,次数)”键值对构成的序列，进行排序，从而获得结果。具体代码如下：

```
wordtimeslist = list(wordtimesdic.items())
wordtimeslist.sort(key = lambda item:item[1],reverse = True)
for i in range(10):
    print("第{}名:{},出现了{}次。".format(i + 1,wordtimeslist[i][0],
wordtimeslist[i][1]))
```

运行结果如下：

```
第 1 名:the,出现了 99 次。
第 2 名:of,出现了 98 次。
```

```
第 3 名:to,出现了 58 次。
第 4 名:and,出现了 41 次。
第 5 名:a,出现了 37 次。
第 6 名:be,出现了 33 次。
第 7 名:will,出现了 26 次。
第 8 名:that,出现了 24 次。
第 9 名:is,出现了 23 次。
第 10 名:we,出现了 21 次。
```

结合 list 函数和字典的 items()方法的使用可以获取该字典的键值对构成的列表。接着进行通过 key 参数指定列表元素中次数作为排序依据,reverse 指定降序排序,接着打印出前 10 项即可。

8.6 案例 2 中文文本分析

现有一中文文本文件“中国梦.txt”,欲统计其中出现频率最高的三个词语及次数。

算法思路:

① 首先,读取文件中所有内容并分词;

② 接着,统计每个词语出现的次数;

③ 最后,按词语出现次数由高至低的顺序进行排序,并返回前三项词语。

首先实现第一步,即从文本文件中读取出的内容至 ftext。通过 jieba 库中的 cut 函数可以实现中文的分词。

由于统计出现频率最高的三个词语,而一篇文章中必然会有大量的标点、“的”、“地”、“得”等不需要统计的分词,因此可以将它们构成一个序列 exceptwords,统计分词频率时,不在该序列中的分词才需统计其词频。利用字典统计各分词出现的次数。

最后通过 sorted 函数获取按词频由高至低地排列,并打印出频率最高的三个词语。

示例 8.6.1_ChineseAnalysis.py 即为实现的代码:

```
import jieba
f = open("中国梦.txt","r")
ftext = f.read()
f.close()
wordslist = jieba.cut(ftext)
exceptwords = "\r\n\t,。、……?!:“”的地得和"
worddic = {}
for word in wordslist:
    if word not in exceptwords:
        if word not in worddic:
            worddic[word] = 1
        else:
```

```
            worddic[word] += 1
    wordcountlist = sorted(worddic.items(),key = lambda item:item[1],reverse = True)
    print("出现频率最高的三个词语:")
    for i in range(3):
        print(wordcountlist[i][0],":",wordcountlist[i][1])
```

运行结果如下：

```
出现频率最高的三个词语:
我国 : 43
发展 : 39
社会主义 : 36
```

8.7 案例 3 json 数据分析

现爬取了某网站的一些数据存放于 dxy.json，要求读取该 json 文件，并在根据用户给定信息搜索相关内容。代码见示例 8.7.1_JsonSearch.py：

```
import json
f = open("dxy.json","r")
filedata = json.load(f)
f.close()
keystr = input("请输入您想查询的相关内容(多关键字用','隔开):")
keyslist = keystr.replace(",",",").split(",")
searchcount = 0                  ##记录符合搜索条件的记录数
for item in filedata["message"]["list"]:
    Allkeysflag = True           ##用于记录是否包含所有的关键字
    for key in keyslist:
        if key not in item["title"]:
            Allkeysflag = False
            break
    if Allkeysflag:
        searchcount += 1
        if searchcount == 1:
            print("找到如下符合条件的记录:")
        print(searchcount,":",item["title"])
if searchcount == 0:
    print("抱歉,没有找到相关记录!")
```

访问 json 文件，用 json 模块非常方便。

代码中，首先打开 json 文件，通过 json 的 load 方法，可以直接将 json 文件中的内容转换为 Python 能否识别的类型，此处转换为字典类型。

接着，通过 input 获取用户关心的内容关键字，提示用户，多关键字用“,”隔开，当然此处要考虑用户输入时，有可能是中文逗号或是英文逗号。为了便于将多关键字分离，可以通过 replace 将中文逗号也替换为英文逗号，再通过 split 即可将关键字分离成列表。

接下来，需要在 json 文件数据中的所有记录中寻找包含所有关键字的记录并打印。此时，需要了解处理的 json 文件中数据的结构。此处的结构如图 8.9 所示，不难发现，划线部分即为一条记录。而各条记录一起构成了列表，作为“list”这个键的值。因此通过 for 循环遍历每一条记录，由于要求返回记录必须包括所有关键字，因此设置了辅助判断的标记 Allkeysflag，对于每一条记录，先设置标记 Allkeysflag 为 True，表示每一个关键字都包含了，然后对每一个关键字判断，只要有一个关键字不包含，则设置标记 Allkeysflag 为 False，并且退出该记录循环，访问下一条记录。若每一个关键字都遍历了，都没有使得标记 Allkeysflag 变为 False，则说明该记录包含了所有的关键字，因此打印该记录。由于此处还需考虑没有找到匹配记录的情况，所以增加了变量 searchcount，用于记录目前已找到的匹配记录数，以便在不同情况输出不同结果。


```
{"success":true,"message":{"total":1000,"pages":10,"limit":100,"list":[{"numOfLiked":3,"author":"假正经的
猫","appImg":"https://img1.dxycdn.com/2018/0715/187/3289236708675768463-10_21_10.jpg!
w720h338","imgpath":"https://img1.dxycdn.com/2018/0715/187/3289236708675768463-10_3_2.jpg!
w230","comrowcount":0,"description":"这种栓子你有见过吗？","firstImg":"","title":"多发性脑梗需警惕：「滚动」的栓
子","appTitlePic":false,"url":"http://neuro.dxy.cn/article/570762","appTop":false,"isNeedLogin":false,"numOfShar
ed":0,"articleDate":"2018-07-19
10:04:16","resultSource":"normal","id":570762,"numOfHits":163,"numOfCollects":4,"isOtherLink":false},
{"numOfLiked":1,"author":"智汇君","appImg":"https://img1.dxycdn.com/2018/0716/250/3289332020442348174-
10_21_10.jpeg!w720h338","imgpath":"https://img1.dxycdn.com/2018/0716/250/3289332020442348174-10_3_2.jpeg!
w230","comrowcount":0,"description":"中国卒中学会第四届学术年会暨天坛国际脑血管病会议期间，来自上海交通大学Med-X 研
究院杨国源教授和来自北京协和医院神经内科的李舜伟教授接受了丁香园的采访。","firstImg":"","title":"中国神经科疾病研究现
状\u2014\u2014发展迅速，未来可
期","appTitlePic":false,"url":"http://neuro.dxy.cn/article/570803","appTop":false,"isNeedLogin":false,"numOfShar
ed":190,"articleDate":"2018-07-16
14:15:24","resultSource":"normal","id":570803,"numOfHits":529,"numOfCollects":4,"isOtherLink":false},
{"numOfLiked":0,"author":"宣文","appImg":"https://img1.dxycdn.com/2018/0702/917/3286727193644364306-
10.jpeg","imgpath":"https://img1.dxycdn.com/2018/0701/839/3286551812949647380-10_3_2.jpg!
w230","comrowcount":0,"description":"两轮比赛，BioMind分别以87%、83%的准确率，领先医生战队66%、63%的准确
率。","firstImg":"https://img1.dxycdn.com/2018/0702/917/3286727193644364306-10.jpeg","shortTitle":"全球首场神经影
像人工智能巅峰对决","title":"全球首场神经影像人工智能巅峰对决，「BioMind 天医智」连胜两局暂时领
先","appTitlePic":false,"url":"http://radiol.dxy.cn/article/568660","appTop":true,"isNeedLogin":false,"numOfShar
ed":241,"articleDate":"2018-07-01
22:00:29","resultSource":"normal","id":568660,"numOfHits":1111,"numOfCollects":5,"isOtherLink":false},
{"numOfLiked":0,"author":"刘洋","appImg":"https://img1.dxycdn.com/2018/0628/199/3285978159937657001-
10_21_10.jpg!w720h338","imgpath":"https://img1.dxycdn.com/2018/0628/199/3285978159937657001-10_3_2.jpg!
w230","comrowcount":2,"description":"2018 年 6 月 30 日（本周六），「CHAIN」 杯全球首次神经影像人工智能人机大赛全球
总决赛即将正式登场。","firstImg":"","title":"全球首场神经影像「人机大战」敲响战鼓 听听评委和选手赛前感
言","appTitlePic":false,"url":"http://neurosurg.dxy.cn/article/568305","appTop":false,"isNeedLogin":false,"numOf
Shared":431,"articleDate":"2018-06-29
17:49:42","resultSource":"normal","id":568305,"numOfHits":1279,"numOfCollects":4,"isOtherLink":false},
```


图 8.9 dxy.json 文件内容

对于上述代码，若用户输入内容“脑梗”，则结果如下：

```
请输入您想查询的相关内容(多关键字用','隔开):脑梗
找到如下符合条件的记录:
1 : 多发性脑梗需警惕:「滚动」的栓子
2 : 比腔隙性脑梗死还小的脑微梗死,如何检测
3 : 脑梗死后多久可以放支架? 疗效和安全性同等重要
```

若用户输入内容“多发，脑梗”，则结果如下：

```
请输入您想查询的相关内容(多关键字用','隔开)：多发，脑梗
找到如下符合条件的记录：
1 ：多发性脑梗需警惕：「滚动」的栓子
```

若用户输入内容“脑梗，恢复”，则结果如下：

```
请输入您想查询的相关内容(多关键字用','隔开)：脑梗，恢复
抱歉，没有找到相关记录！
```

8.8 案例 4 问卷调查与统计分析

现有一个调查问卷 investigate，如图 8.10 所示。要求根据该调查文本的内容进行调查，并统计调查结果。

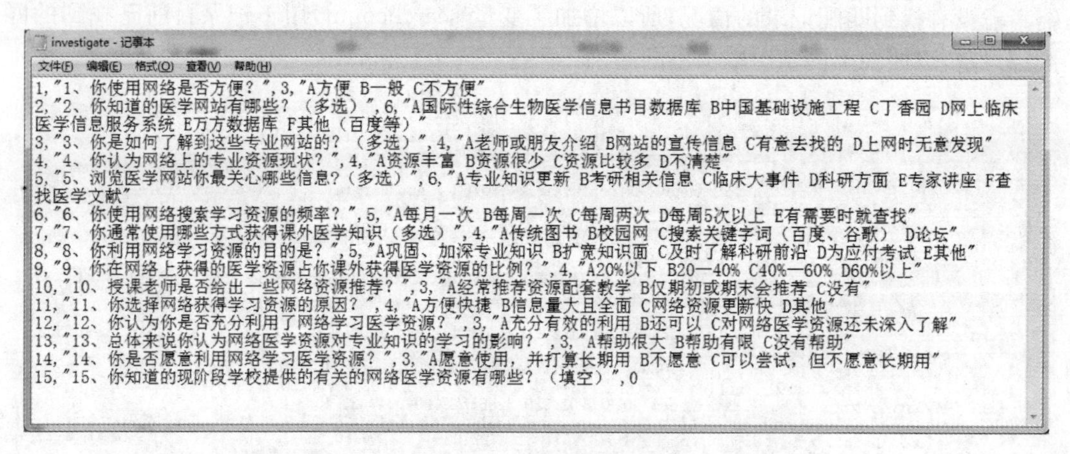
```
1,"1、你使用网络是否方便？",3,"A方便 B一般 C不方便"
2,"2、你知道的医学网站有哪些？（多选）",6,"A国际性综合生物医学信息书目数据库 B中国基础设施工程 C丁香园 D网上临床医学信息服务系统 E万方数据库 F其他（百度等）"
3,"3、你是如何了解到这些专业网站的？（多选）",4,"A老师或朋友介绍 B网站的宣传信息 C有意去找的 D上网时无意发现"
4,"4、你认为网络上的专业资源现状？",4,"A资源丰富 B资源很少 C资源比较多 D不清楚"
5,"5、浏览医学网站你最关心哪些信息？（多选）",6,"A专业知识更新 B考研相关信息 C临床大事件 D科研方面 E专家讲座 F查找医学文献"
6,"6、你使用网络搜索学习资源的频率？",5,"A每月一次 B每周一次 C每周两次 D每周5次以上 E有需要时就查找"
7,"7、你通常使用哪些方式获得课外医学知识（多选）",4,"A传统图书 B校园网 C搜索关键字词（百度、谷歌） D论坛"
8,"8、你利用网络学习资源的目的是？",5,"A巩固、加深专业知识 B扩宽知识面 C及时了解科研前沿 D为应付考试 E其他"
9,"9、你在网络上获得的医学资源占你课外获得医学资源的比例？",4,"A20%以下 B20—40% C40%—60% D60%以上"
10,"10、授课老师是否给出一些网络资源推荐？",3,"A经常推荐资源配套教学 B仅期初或期末会推荐 C没有"
11,"11、你选择网络获得学习资源的原因？",4,"A方便快捷 B信息量大且全面 C网络资源更新快 D其他"
12,"12、你认为你是否充分利用了网络学习医学资源？",3,"A充分有效的利用 B还可以 C对网络医学资源还未深入了解"
13,"13、总体来说你认为网络医学资源对专业知识的学习的影响？",3,"A帮助很大 B帮助有限 C没有帮助"
14,"14、你是否愿意利用网络学习医学资源？",3,"A愿意使用，并打算长期用 B不愿意 C可以尝试，但不愿意长期用"
15,"15、你知道的现阶段学校提供的有关的网络医学资源有哪些？（填空）",0
```

图 8.10　investigate 内容

8.8.1 问卷结构调整

可以考虑到，若调查问卷依次输出，并且选项次序也保持不变，则容易影响部分问卷调查结果。正如考试系统会设置题目次序及选项次序均是随机的，在做问卷调查时，也可以设置问题出现的次序及每个选项的次序随机。仔细研究给定文件后发现，该文件格式有很多弊端：

(1) 将题号包含于题目标题中，不利于问卷问题出现的次序随机；

(2) 所有选项均置于一个字符串中，不利于选项的次序随机；

(3) 若要控制单选题只能选择一个，则需分清是单选还是多选，即需获知题型。因此，可以考虑增加该问题的类型。

为了解决这些问题，可以对文件进行更新，以适应随机题目、随机选项、保证正确选择等情况。

为了方便起见，采用字典存储问卷中的每一个问题。一个字典存储一个问题的所有信息，问卷中所有问题构成一个列表，存于文件 adjust_investigate 中。

定义存放问题的所有信息的字典为 questiondic，根据需求可以设置其键如下：

'questionNo'：用于记录问题的题号，方便后面统计问卷调查结果时使用；

'title'：用于记录问题的标题；

'style'：用于记录该问题的类型，0 表示单选，1 表示多选，2 表示填空或问答；

'optionnum'：用于记录选项数；

'options'：若是选择题，则通过该键值记录所有选项，该值为一列表，列表的每一项即为选择题的一个选项。

下面进行详细分析。观察原文件中，一行即为一个问题，所以，可以通过以下结构来获取并处理每一个问题。

```
f = open("investigate","r")
questionlist = []
for line in f:
    question = eval("[" + line + "]")
    questiondic = {}
    ##……此处将原问题格式处理为新的字典格式
    questionlist += [questiondic]
f.close()
f = open("adjust_investigate","w")
f.write(str(questionlist))
f.close()
```

打开原文件，获取每一行内容，在两端分别增加“[”和“]”符号，再通过 eval 函数将其转换为列表形式(注：eval 函数是将字符串类型数据去除外层引号获取 Python 格式数据)。例如，第一行，执行语句“question＝eval("["＋line＋"]")”后，question 的内容为列表“[1, '1、你使用网络是否方便？', 3, 'A 方便 B一般 C不方便 ']”。下面讨论结果字典中的每一个键值的获取。

用于记录问题题号的 'questionNo' 比较方便，直接将 question[0]的值赋给该键即可：

```
    ##获取题号
    questiondic["questionNo"] = question[0]
```

用于记录问题标题的 'title' 值需要简单处理，需要将 question[1]中的序号去除，此处可以使用 split 函数，利用“、”将内容分离，例如，第一行，执行 question[1]. split("、")可以得到结果“['1', ' 你使用网络是否方便？ ']”，此时只需取该结果列表下标为 1 的列表项即可：

```
    ##获取问题的标题
    questiondic["title"] = question[1].split("、")[1]
```

用于记录选项数的 'optionnum' 也是比较方便的，直接将 question[2]的值赋给该键即可：

```
    ##获取问题的选项数
    questiondic["optionnum"] = question[2]
```

相对复杂一些的是 'style' 和 'options' 这两个键的处理，'style' 用于记录问题的类型，若是 question[2]的值为 0，即选项数为 0，则意味着是填空或问答，给 'style' 赋值 2；否则为选择题，此时需区分单选或多选，发现若是有多选，则题目的标题中含有“多选”二字，因此可以通过判断题目的标题中是否含有“多选”，若含有则给 'style' 赋值 1，否则赋值 0。

若是选择题，则需要处理 'options'，用于记录所有的选项。考虑选项需要随机次序出现，因此可以用列表记录每一选项，然后将这个列表作为 'options' 的值。例如，第一行，question[3]的值为 'A 方便 B 一般 C 不方便 '，发现选项之间以空格为间隔，因此可以通过 split 函数将选项分离，再通过切片去除每一选项的选项号，代码如下：

```
    ##获取问题的类型,0 表示单选,1 表示多选,2 表示填空
    if question[2] = = 0:
        questiondic["style"] = 2
    else:
        if "多选" in question[1]:
            questiondic["style"] = 1
        else:
            questiondic["style"] = 0
        ##获取列表选项
        optionlist = question[3].split(" ")
        for i in range(question[2]):
            optionlist[i] = optionlist[i][1:]
        questiondic["options"] = optionlist
```

将每一行的内容处理完均以追加模式添加至文件 adjust_investigate 中。实现的完整代码见示例 8.8.1_adjust_investigate.py：

```
f = open("investigate","r")
questionlist = []
for line in f:
    question = eval("[" + line + "]")
    questiondic = {}
    ##获取题号
    questiondic["questionNo"] = question[0]
    ##获取问题的标题
    questiondic["title"] = question[1].split("、")[1]
    ##获取问题的选项数
    questiondic["optionnum"] = question[2]
    ##获取问题的类型,0 表示单选,1 表示多选,2 表示填空
```

```
        if question[2] = = 0:
            questiondic["style"] = 2
        else:
            if "多选" in question[1]:
                questiondic["style"] = 1
            else:
                questiondic["style"] = 0
            ##获取列表选项
            optionlist = question[3].split(" ")
            for i in range(question[2]):
                optionlist[i] = optionlist[i][1:]
            questiondic["options"] = optionlist
        questionlist += [questiondic]
    f.close()
    f = open("adjust_investigate","w")
    f.write(str(questionlist))
    f.close()
```

执行代码后，adjust_investigate 文件中的内容如图 8.11 所示。

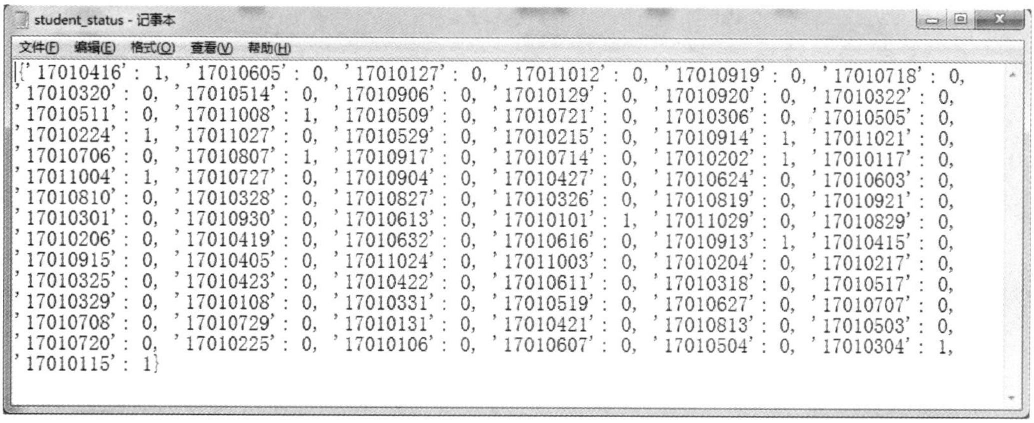

```
student_status - 记事本
文件(F) 编辑(E) 格式(O) 查看(V) 帮助(H)
{'17010416': 1, '17010605': 0, '17010127': 0, '17011012': 0, '17010919': 0, '17010718': 0,
'17010320': 0, '17010514': 0, '17010906': 0, '17010129': 0, '17010920': 0, '17010322': 0,
'17010511': 0, '17011008': 1, '17010509': 0, '17010721': 0, '17010306': 0, '17010505': 0,
'17010224': 1, '17011027': 0, '17010529': 0, '17010215': 0, '17010914': 1, '17011021': 0,
'17010706': 0, '17010807': 1, '17010917': 0, '17010714': 0, '17010202': 1, '17010117': 0,
'17011004': 1, '17010727': 0, '17010904': 0, '17010427': 0, '17010624': 0, '17010603': 0,
'17010810': 0, '17010328': 0, '17010827': 0, '17010326': 0, '17010819': 0, '17010921': 0,
'17010301': 0, '17010930': 0, '17010613': 0, '17010101': 1, '17011029': 0, '17010829': 0,
'17010206': 0, '17010419': 0, '17010632': 0, '17010616': 0, '17010913': 1, '17010415': 0,
'17010915': 0, '17010405': 0, '17011024': 0, '17011003': 0, '17010204': 0, '17010217': 0,
'17010325': 0, '17010423': 0, '17010422': 0, '17010611': 0, '17010318': 0, '17010517': 0,
'17010329': 0, '17010108': 0, '17010331': 0, '17010519': 0, '17010627': 0, '17010707': 0,
'17010708': 0, '17010729': 0, '17010131': 0, '17010421': 0, '17010813': 0, '17010503': 0,
'17010720': 0, '17010225': 0, '17010106': 0, '17010607': 0, '17010504': 0, '17010304': 1,
'17010115': 1}
```

图 8.11　adjust_investigate 内容

8.8.2　问卷调查交互

问卷结构调整后即可进行问卷调查交互的代码编写，首先，考虑系统让参与调查者接连参与调查，可以让问卷交互过程循环起来，直到输入“#”结束。参与调查者需有参与的权限，并且参与者只可以参与该调查一次，因此增加文件 student_status 来记录参与者的权限与是否已参与过该调查。文件 student_status 内容如图 8.12 所示。

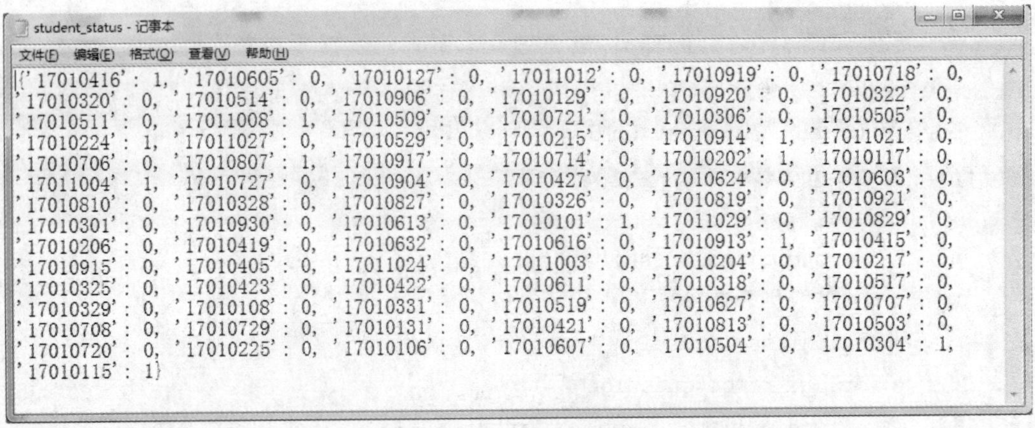

student_status - 记事本

文件(F) 编辑(E) 格式(O) 查看(V) 帮助(H)


```
{'17010416': 1, '17010605': 0, '17010127': 0, '17011012': 0, '17010919': 0, '17010718': 0,
'17010320': 0, '17010514': 0, '17010906': 0, '17010129': 0, '17010920': 0, '17010322': 0,
'17010511': 0, '17011008': 1, '17010509': 0, '17010721': 0, '17010306': 0, '17010505': 0,
'17010224': 1, '17011027': 0, '17010529': 0, '17010215': 0, '17010914': 1, '17011021': 0,
'17010706': 0, '17010807': 1, '17010917': 0, '17010714': 0, '17010202': 1, '17010117': 0,
'17011004': 1, '17010727': 0, '17010904': 0, '17010427': 0, '17010624': 0, '17010603': 0,
'17010810': 0, '17010328': 0, '17010827': 0, '17010326': 0, '17010819': 0, '17010921': 0,
'17010301': 0, '17010930': 0, '17010613': 0, '17010101': 1, '17011029': 0, '17010829': 0,
'17010206': 0, '17010419': 0, '17010632': 0, '17010616': 0, '17010913': 1, '17010415': 0,
'17010915': 0, '17010405': 0, '17011024': 0, '17011003': 0, '17010204': 0, '17010217': 0,
'17010325': 0, '17010423': 0, '17010422': 0, '17010611': 0, '17010318': 0, '17010517': 0,
'17010329': 0, '17010108': 0, '17010331': 0, '17010519': 0, '17010627': 0, '17010707': 0,
'17010708': 0, '17010729': 0, '17010131': 0, '17010421': 0, '17010813': 0, '17010503': 0,
'17010720': 0, '17010225': 0, '17010106': 0, '17010607': 0, '17010504': 0, '17010304': 1,
'17010115': 1}
```


图 8.12　student_status 内容

该文件中记录的学号才有权限参与调查,若其值为 0,则表示暂未完成问卷调查;值为 1,则表示已完成问卷调查。之所以用字典的结构来存储,是为了方便查询学生参与调查的状态。

```
f = open("student_status","r")
studentdic = eval(f.read())
f.close()
while True:
    studentno = input("请输入您的学号(退出请输入'#'):")
    if studentno == "#":
        break
    elif studentno not in studentdic:
        print("您没有参与调查的权限!")
    elif studentdic[studentno] == 1:
        print("您已参与过调查,感谢您的参与!")
    else:
        ##……展示调查问卷,进行问卷调查交互
```

交互时需考虑问卷的题目随机次序出现,因此可以读取所有题目列表后,通过 random 模块的 shuffle 方法,使得问卷题目次序打乱。

```
import random
f = open("adjust_investigate","r")
questionlist = eval(f.read())
f.close()
##随机生成调查题目次序
random.shuffle(questionlist)
```

这样,questionlist 中的问题次序即被随机排列。

下面即可根据打乱的问题次序依次显示提问，并记录作答。用字典记录做答显然是最为合适的。对每一问题，均先显示其标题；若为选择题，则还需显示选项，此处同样要考虑选项的随机显示；接着，获取用户的答案并记录于字典中。

以 adjust_investigate 文件中存储的问题列表的第一项为例，其内容为"{'questionNo'：1，'title'：'你使用网络是否方便？'，'optionnum'：3，'style'：0，'options'：['方便'，'一般'，'不方便']}"，首先，通过打印出 question["title"]中的内容；若是选择题，则需以一定的格式打印 'options' 中的内容，复制 'options' 选项列表，并通过 random. shuffle 方法将选项次序打乱，打乱后的选项列表依次输出，并依次增加"ABCDEFGHIJ"这些序号在其前面。

```
answerdic = {}
for question in questionlist:
    print(question["title"])
    if question["style"]! = 2:
        optionlist = question["options"][:]
        random.shuffle(optionlist)
        optionstr = ""
        optionsno = "ABCDEFGHIJ"[:question["optionnum"]]
        for i in range(len(optionlist)):
            optionstr + = optionsno[i] + ". " + optionlist[i] + "  "
        print(optionstr)
        ##……作答并记录
```

对于有效作答，需做到以下几点：

(1) 答案不能为空；

(2) 单选题只能选择一项；

(3) 选择题不能出现不存在的选项。如选项只有 A、B、C 三项，却选择了 D，这是无效作答。

程序应对作答进行控制，以上前两点比较好控制，下面主要分析下第三点的控制。要保证每一个选项都是在选项范围的，可以添加标识进行控制，此处用 flag 标记，若该题作答中的所有选项均在范围之内，则 flag 为 True，否则即为 False。要保证每一个都选项都符合要求，先将 flag 置为 True，对该题作答中的每一个选项进行遍历，只要有一个不在题目选项范围内，即将 flag 置为 False，并且退出遍历。遍历结束若 flag 仍保持 True，则说明所有选项均在范围内。设 answer 为用户的作答，optionsno 为该题选项范围，则以下语句可以实现该要求控制。

```
flag = True    ##用来标记是否答案中的选项均存在
for ch in answer:
    if ch not in optionsno:
        print("没有选项",ch,",请重新选择!")
        flag = False
        break
```

```
    else:
        ##……选项是随机显示的,需将选项对应至实际选择
if flag:
    ##记录该题做答
```

如何将用户根据随机显示的选项作出的应答对应至实际选项呢?

例如,原 question["options"]值为:

['专业知识更新','考研相关信息','临床大事件','科研方面','专家讲座','查找医学文献']

复制并打乱次序后的 optionlist 值为:

['科研方面','考研相关信息','临床大事件','查找医学文献','专家讲座','专业知识更新']

因此用户看到的选项为:

A. 科研方面 B. 考研相关信息 C. 临床大事件 D. 查找医学文献 E. 专家讲座 F. 专业知识更新

设用户的作答为"ABD",可以依次将选项对应至问卷原选项上,便于以后统计结果。如,此处用户选择了"A",通过 optionsno.index("A")可以获取 A 为第 0 选项(注:optionsno 为选项范围,此处值为"ABCDEF"),通过 optionlist[optionsno.index("A")]可以获知用户选择了"'科研方面'"这一项,再通过调用 question["options"].index 方法来获取问卷原选项序号"3"。依次类推,用户此次作答"ABD"即被对应为"315"。所有参与者的作答,都统一按原选项记录答案,这样保证问卷的统一性,有利于问卷调查结果的统计分析。

记录好作答后,还需记录真正的题号,因为用户看到的次序其实是真正题号随机之后的次序。所有题作答后即可记录至 answers 文件,并设置该参与者的状态为"1"。

实现的完整代码见示例 8.8.2_investigate_go.py:

```
import random
f = open("student_status","r")
studentdic = eval(f.read())
f.close()
while True:
    studentno = input("请输入您的学号(退出请输入'#'):")
    if studentno == "#":
        break
    elif studentno not in studentdic:
        print("您没有参与调查的权限!")
    elif studentdic[studentno] == 1:
        print("您已参与过调查,感谢您的参与!")
    else:
        f = open("adjust_investigate","r")
        questionlist = eval(f.read())
```

```
f.close()
##随机生成调查题目次序
random.shuffle(questionlist)
answerdic = {}
for question in questionlist:
    print(question["title"])
    if question["style"]! = 2:
        optionlist = question["options"][:]
        random.shuffle(optionlist)
        optionstr = ""
        optionsno = "ABCDEFGHIJ"[:question["optionnum"]]
        for i in range(len(optionlist)):
            optionstr += optionsno[i] + ". " + optionlist[i] + "  "
        print(optionstr)
        while True:
            answer = input("您的选择:")
            if answer == "":
                print("答案不能为空! 请重新选择!")
                continue
            if question["style"] == 0 and len(answer)> 1:
                print("该题为单选,请重新选择!")
                continue
            trueanswer = ""
            flag = True    ##用来标记是否答案中的选项均存在
            for ch in answer:
                if ch not in optionsno:
                    print("没有选项",ch,",请重新选择!")
                    flag = False
                    break
                else:
                    trueanswer += str(question["options"].index(
                                optionlist[optionsno.index(ch)]))
            if flag:
                answer = trueanswer
                break
    else:
        answer = input("你的答案:")
    answerdic[question["questionNo"]] = answer
```

```
        f = open("answers","a")
        f.write(str(answerdic) + "\n")
        f.close()
        studentdic[studentno] = 1
        f = open("student_status","w")
        f.write(str(studentdic))
        f.close()
```

通过上述程序的问卷交互，记录下来的结果如图 8.13 所示。

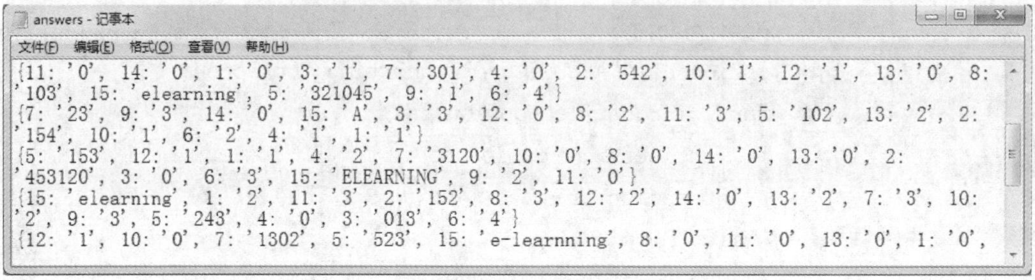

```
answers - 记事本
文件(F) 编辑(E) 格式(O) 查看(V) 帮助(H)
{11: '0', 14: '0', 1: '0', 3: '1', 7: '301', 4: '0', 2: '542', 10: '1', 12: '1', 13: '0', 8:
'103', 15: 'elearning', 5: '321045', 9: '1', 6: '4'}
{7: '23', 9: '3', 14: '0', 15: 'A', 3: '3', 12: '0', 8: '2', 11: '3', 5: '102', 13: '2', 2:
'154', 10: '1', 6: '2', 4: '1', 1: '1'}
{5: '153', 12: '1', 1: '1', 4: '2', 7: '3120', 10: '0', 8: '0', 14: '0', 13: '0', 2:
'453120', 3: '0', 6: '3', 15: 'ELEARNING', 9: '2', 11: '0'}
{15: 'elearning', 1: '2', 11: '3', 2: '152', 8: '3', 12: '2', 14: '0', 13: '2', 7: '3', 10:
'2', 9: '3', 5: '243', 4: '0', 3: '013', 6: '4'}
{12: '1', 10: '0', 7: '1302', 5: '523', 15: 'e-learnning', 8: '0', 11: '0', 13: '0', 1: '0',
```

图 8.13 answers 内容

8.8.3 问卷结果统计

获取问卷调查结果后即可对其进行统计分析。

首先，列出所有问题，让用户选择需进行统计分析的题号。

接着，将已参与调查的该题的作答连接入一个字符串，通过该字符串的 count 方法即可统计出各选项出现的次数，除以已参与人数即可获得选项的百分比。具体代码见示例 8.8.3_investigate_stats.py：

```
f = open("adjust_investigate","r")
questionlist = eval(f.read())
f.close()
print("问卷有如下问题：")
questionno = 0
for question in questionlist:
    questionno += 1
    print(questionno,". ",question["title"])
questionNo = int(input("请输入您要统计的题号："))
question = questionlist[questionNo - 1]
if question["style"] == 2:
    print("该问题为填空问答题!")
else:
    number = 0                ##统计已参与问卷调查的人数
```

```
        allanswers = ""                    ##汇总这题所有参与者的答案
        f = open("answers","r")
        for line in f:
            allanswers += eval(line)[questionNo]
            number += 1
        f.close()
        optionnum = question["optionnum"]
        optionstats = {}
        for optionno in range(optionnum):
            optionstats[question["options"][optionno]] = allanswers.count(str
(optionno))
        print("目前已参与调查人数:",number)
        for item in optionstats:
            print(item,":",optionstats[item],"人选择,占比",round(optionstats
[item]/number * 100,2)," %")
```

运行结果如下：

```
问卷有如下问题:
1. 你使用网络是否方便?
2. 你知道的医学网站有哪些?(多选)
3. 你是如何了解到这些专业网站的?(多选)
4. 你认为网络上的专业资源现状?
5. 浏览医学网站你最关心哪些信息?(多选)
6. 你使用网络搜索学习资源的频率?
7. 你通常使用哪些方式获得课外医学知识(多选)
8. 你利用网络学习资源的目的是?
9. 你在网络上获得的医学资源占你课外获得医学资源的比例?
10. 授课老师是否给出一些网络资源推荐?
11. 你选择网络获得学习资源的原因?
12. 你认为你是否充分利用了网络学习医学资源?
13. 总体来说你认为网络医学资源对专业知识的学习的影响?
14. 你是否愿意利用网络学习医学资源?
15. 你知道的现阶段学校提供的有关的网络医学资源有哪些?(填空)
请输入您要统计的题号:15
该问题为填空问答题!
请输入您要统计的题号:1
目前已参与调查人数: 11
方便 : 6 人选择,占比 54.55 %
一般 : 4 人选择,占比 36.36 %
```

```
不方便 : 1 人选择,占比 9.09 %
请输入您要统计的题号:5
目前已参与调查人数: 11
专业知识更新 : 8 人选择,占比 72.73 %
考研相关信息 : 6 人选择,占比 54.55 %
临床大事件 : 9 人选择,占比 81.82 %
科研方面 : 9 人选择,占比 81.82 %
专家讲座 : 6 人选择,占比 54.55 %
查找医学文献 : 9 人选择,占比 81.82 %
```

本章小结

本章节主要介绍了 Python 文件处理方法,包括文件的打开、关闭、读写方法。还介绍了常用的 os、string、json、jieba 模块。

文件的打开与关闭小节介绍了 open 与 close 配合的方法及 with open 的方法。

文件的读取小节主要介绍了 read(),readline(),readlines()及 for line in file 等文件读取方法,write(),writelines()等文件写入方法。

本章还通过英文文本分析、中文文本分析、json 数据分析、问卷调查并统计分析这四个案例介绍了文件处理的应用。

习　题

编程题

1. 网络搜索《西游记》,将其内容保存为文件"p1. txt",对其进行如下操作:

(1) 查找出现频率最高的 10 个字符并打印。

(2) 使用 TF－IDF 算法进行关键词提取并打印。

2. 求出 13579 的 2468 次方的结果,将该结果存入文件"p2. txt"中。

3. 打开上题中的"p2. txt",统计各数字出现的次数。

4. 打开第 2 题中的"p2. txt",将其中连续出现的相同数字只保留一个,如"93962 994468758302 111343"操作之后的结果为"9396294687583021343",并将操作后的内容存入"p3. txt"。

5. 打开上题中的"p3. txt",统计各数字的分布占比。

【微信扫码】
源代码 & 相关资源

第 9 章

图形图像处理

9.1 概述

Python 中提供了处理图形图像的各种库函数。本章讲解操作和处理图像的基础知识，将通过大量示例介绍处理图形与图像所需的 Python 工具包，如 turtle 模块、PIL 模块、numpy 模块、matplotlib 模块等。本章介绍了用于画图和保存图像、读取图像、图像处理和增强、图像与文字结合应用等的基本工具。

首先，本章将讲解相关的标准库——turtle 模块，介绍其常见的函数与方法。turtle 库是 Python 语言中一个基本的绘制图像的函数库。在 turtle 模块中，一个想象中的小乌龟在画布(canvas)上移动。通过一组函数指令的控制这个小乌龟，在这个平面坐标系中移动，其爬行的路径就绘制了图形。

其次，本章将重点介绍经典的第三方库：PIL 模块，numpy 模块，matplotlib 模块。

最后，将通过两个综合案例展示相关模块的应用。

9.2 相关标准库 turtle 模块

Python 引入的一个简单的绘图工具，叫做海龟绘图(Turtle Graphics)。turtle 库是 Python 的标准库，使用时直接导入即可。

```
>>> import turtle
```

或者

```
>>> from turtle import *
```

9.2.1 画布设置

画布是 turtle 模块的绘图区域。这个画布是一个平面矩形，左上角为其坐标系原点，横轴为 x、纵轴为 y。画布的单位是像素，可以用函数 screensize 设置宽 width，高 height，背景颜色，也可以用函数 setup 设置大小、初始位置 startx 和 starty。

如果 width 和 height 为小数，则表示占屏幕的比例；若为整数则表示实际像素。startx 和 starty 分别表示窗口距屏幕左侧和上方的距离；若为空，则居中。

```
>>> turtle.screensize(800,800, "green")
                                    ##画布宽为 800 像素，高为 800 像素，背景色为绿色
>>> turtle.screensize()        ##返回默认大小(400, 300)
>>> turtle.setup(width = 800,height = 800, startx = 250, starty = 250)
                                          ##画布宽为 800 像素，起始点是(250,250)
>>> turtle.setup(width = 0.8,height = 0.6)    ##画布的宽度占据电脑屏幕的比
                                               例为 80 %，高度占据电脑屏幕的比
                                               例为 60 %
```

9.2.2 画笔设置

画笔描述了绘制图形时的位置、方向、粗细、移动速度等信息。初始位置位于画布正中央，正方向与模式有关，默认为 standard 模式，为正东方向，即沿着 x 轴数值增大方向。

```
>>> turtle.pensize()           ##返回当前的画笔宽度
>>> turtle.pensize(10)         ##设置画笔的宽度为 10，参数为正整数
>>> turtle.pencolor("green")   ##设置画笔的颜色为绿色。如果没有参数传入，
                                 则返回当前画笔颜色。画笔颜色参数可以是颜
                                 色字符串如"blue", "red"，也可以是 RGB 三元
                                 组，如。
>>> turtle.speed(2)            ##设置画笔移动速度为 2。画笔绘制的速度范围
                                 为小于 10 的非负整数，数字越大越快。
```

9.2.3 图形绘制

操纵画笔绘图有着许多的命令，这些命令可以划分为 3 种基本类型，分别为运动命令、画笔控制命令和全局控制命令。

1. 画笔运动命令

画笔运动命令主要控制画笔的运动距离和方向，绘制直线或曲线等信息。画笔运动的坐标系为 0 — east, 90 — north, 180 — west, 270 — south。主要的方法及其参数设定如下：

turtle.forward(distance)：向当前画笔方向移动 distance 像素长度；

turtle.backward(distance)：向当前画笔相反方向移动 distance 像素长度；

turtle.right(degree)：顺时针移动 degree；

turtle.left(degree)：逆时针移动 degree；

turtle.pendown()：移动时绘制图形，缺省时也为绘制；

turtle.goto(x,y)：将画笔移动到坐标为 x,y 的位置；

turtle.penup()：提起笔移动，不绘制图形，用于另起一个地方绘制；

turtle. circle(r):画圆,半径为 r,r > 0 时,表示圆心在画笔的左边;
dot(r):绘制一个指定直径和颜色的圆点;
turtle. setheading(to_angle)设置行进方向,其中 to_angle 为绝对角度。
一些运动命令有多种方法名称,对比如下:
抬笔:turtle. penup()、turtle. pu()、turtle. up();
落笔:turtle. pendown()、turtle. pd()、turtle. down();
前进:turtle. forward(distance)、turtle. fd(distance);
后退:turtle. backward(distance)、turtle. back(distance)、turtle. bk(distance);
顺时针旋转:turtle. right(degree)、turtle. rt(degree),其中 degree 以角度为单位;
逆时针旋转:turtle. left(degree)、turtle. lt(degree)。

2. 画笔控制命令

turtle. fillcolor(colorstring):绘制图形的填充颜色;
turtle. color(color1, color2):同时设置 pencolor=color1, fillcolor=color2;
turtle. filling():返回当前是否在填充状态;
turtle. begin_fill():准备开始填充图形;
turtle. end_fill():填充完成;
turtle. hideturtle():隐藏画笔的 turtle 形状;
turtle. showturtle():显示画笔的 turtle 形状。

3. 全局控制命令

turtle. clear():清空 turtle 窗口,但是 turtle 的位置和状态不会改变;
turtle. reset():清空窗口,重置 turtle 状态为起始状态;
turtle. undo():撤销上一个 turtle 动作;
turtle. isvisible():返回当前 turtle 是否可见;
stamp():复制当前图形;
turtle. write(s[,font=("font_name",font_size,"font_type")]):写文本,s 为文本内容,font 是字体的参数,分别为字体名称,大小和类型;font 为可选项,font 参数也是可选项。

例 9.2.1_turtle_ Triangle.py 绘制正三角形:

```
import turtle
turtle.pencolor((0,0.5,0.5))
## turtle.pencolor("red")
turtle.rt(60)
turtle.pd()
turtle.fd(100)
turtle.rt(120)
turtle.fd(100)
turtle.rt(120)
turtle.fd(100)
turtle.pu()
```

例 9.2.2_turtle_Snow.py 绘制随机雪花：

```
from turtle import *
import random
def randdot():
    tW = window_width() ##获取屏幕宽度
    tH = window_height() ##获取屏幕高度
    speed(0)
    pu()
    hideturtle()
    clear()
    tracer(False)
    for i in range(200):
        goto(random.randint(-tW//2,tW//2),random.randint(-tH//2,tH//2))
        dot(10,(random.random(),random.random(),random.random()))
    tracer(True)
    ontimer(randdot,100)
randdot()
```

例 9.2.3_turtle_Helix.py 绘制螺旋线：

```
from turtle import *
bgcolor("black")
colors = ["red","yellow","purple","blue"]
tracer(False)
for i in range(500):
    forward(2 * i)
    color(colors[i % 4])
    right(91)
tracer(True)
```

9.3 经典三方库

9.3.1 PIL与Pillow模块

图像处理是一门应用非常广泛的技术，特别在医学图像处理中有大量的应用。PIL (Python Imaging Library)是 Python 中最常用的图像处理库，包括 Image，ImageFont，ImageDraw，ImageFilter 等多个重要模块。

1. PIL 模块的安装

Pillow 是一群志愿者在 PIL 的基础上创建的兼容版本，并且加入了许多新特性。

(1) 安装包模式：

在 Windows 系统环境下，从 PIL 官方网站下载 exe 安装包，自动安装即可。

(2) apt 安装模式

在 Debian/Ubuntu Linux 系统环境下，直接通过 apt 安装：

```
$ sudo apt - get install Python - imaging
```

(3) pip 安装模式

在 Mac 和其他版本的 Linux 中，在把编译环境装好，再使用 easy_install 或 pip 安装：

```
$ sudo easy_install PIL
```

如果安装失败，根据提示先把缺失的包(比如 openjpeg)装上。

2. 基本概念

(1) 坐标系

在 Python 中，图像的坐标表示与平常数学里的坐标系不太一样。图像中左上角是坐标原点(0, 0)，这样定义的坐标系意味着，X 轴是从左到右增长的，而 Y 轴是从上到下增长。在 PIL 中表示一块矩形区域需要使用矩形元组参数。矩形元组参数包含四个值，分别代表矩形四条边距 X 轴或者 Y 轴的距离。顺序是(左，顶，右，底)。比如(3, 2, 8, 9)就表示了横坐标范围[3, 7]；纵坐标范围[2, 8]的矩形区域。其中，右和底坐标表示直到但不包括。也就是这样的区间可以理解左闭右开的区间，即[左，右)和[顶，底)。

(2) 颜色表示

计算机通常将图像表示为 RGB 值，或者再加上 alpha 值(通透度，透明度)，称为 RGBA 值。在 Pillow 中，RGBA 的值表示为由 4 个整数组成的元组，分别是 R、G、B、A。整数的范围 0～255。RGB 全 0 就可以表示黑色，全 255 代表黑色。可以猜测(255, 0, 0, 255)代表红色，因为 R 分量最大，G、B 分量为 0，所以呈现出来是红色。但是当 alpha 值为 0 时，无论是什么颜色，该颜色都不可见，可以理解为透明。

3. 使用 Image 模块操作图像

Image 模块是 PIL 中最重要的模块，它有一个类叫做 Image，与模块名称相同。Image 类有很多函数、方法及属性。

(1) 打开文件并显示文件

通过 Image 类中的 open 方法即可载入一个图像文件。如果载入文件失败，则会引起一个 IOError；若无返回错误，则 open 函数返回一个 Image 对象。此后，一切关于该图片的操作均基于这个对象。

例 9.3.1_PIL_imgOpen.py：

```
from PIL import Image
##直接打开图片
img = Image.open('Show.jpg')                    ##打开当前目录下的 Show.jpg 文件
img.show()                                      ##显示一幅已经载入的图片
```

(2) 图像的基本操作

打开图像后可以实现对图像的调整大小、旋转、裁剪、保存等基本操作。例 9.3.2_PIL_imgBasic.py 给出了关于图像的基本操作示例：

```
from PIL import Image
img = Image.open('Show.jpg')                   ##在当前文件夹打开 show.jpg 文件
## Image.open()会返回一个 Image 对象,后续操作均需要基于该对象
##调整图像大小
new_img = img.resize((128, 128))               ## resize 成 128 * 128 像素大小
new_img.save("new_Show.jpg")                   ##保存新图像
new_img.show()
##旋转 45 度
rot_img = img.rotate(45)          ##逆时针旋转 45 度，顺时针则用负数表示角度
rot_img.save("rot_Show.jpg")
##水平翻转并保存
horFlip_img = img.transpose(Image.FLIP_LEFT_RIGHT). save("transepose_lr.
jpg")
##垂直翻转并保存
verFlip_img = img.transpose(Image.FLIP_TOP_BOTTOM). save("transepose_tb.
jpg")
##裁剪图片
cropedIm = img.crop((700, 100, 1200, 1000))
cropedIm.save(r'cropped_Show.jpg')
##图片的颜色分离与合并
r,g,b = img.split() #分割成三个通道 r,g,b
r.show()  #红通道
g.show()  #绿通道
b.show()  #蓝通道
change_img = Image.merge("RGB", (b, g, r))     ##将 b,r 两个通道进行翻转
r.save('r_Show.jpg')
g.save('g_Show.jpg')
b.save('b_Show.jpg')
change_img.save('change_img.jpg')
```

4. 使用 ImageFilter 模块处理图片

ImageFilter 模块提供了很多预定义的图片加强滤镜。使用 ImageFilter 中的方法可以简单进行图像的模糊、边缘增强、锐利、平滑等常见操作。参见案例 9.3.3_PIL_imgFilter.py：

```
from PIL import Image, ImageFilter
img = Image.open('show.jpg')
##高斯模糊
img.filter(ImageFilter.GaussianBlur).save('GaussianBlur.jpg')
```

```
##普通模糊
img.filter(ImageFilter.BLUR).save('BLUR.jpg')
##边缘增强
img.filter(ImageFilter.EDGE_ENHANCE).save('EDGE_ENHANCE.jpg')
##找到边缘
img.filter(ImageFilter.FIND_EDGES).save('FIND_EDGES.jpg')
##浮雕
img.filter(ImageFilter.EMBOSS).save('EMBOSS.jpg')
##轮廓
img.filter(ImageFilter.CONTOUR).save('CONTOUR.jpg')
##锐化
img.filter(ImageFilter.SHARPEN).save('SHARPEN.jpg')
##平滑
img.filter(ImageFilter.SMOOTH).save('SMOOTH.jpg')
##细节
img.filter(ImageFilter.DETAIL).save('DETAIL.jpg')
```

5. 使用 ImageDraw 模块绘制图形

ImageDraw 模块提供了简单二维图像对象的绘制功能。用户可以使用这个模块创建新的图像,注释或修饰已存在图像。ImageDraw 使用和 PIL 一样的坐标系统,即左上角为(0,0)。

在常见的 RGB 图像中,用户可以使用数字或者元组指定颜色。PIL 中使用字符串常量表示颜色。PIL 支持的字符串格式有四种表示方法,其中常见的三种为:十六进制颜色说明符、RGB 函数、通用 HTML 颜色名称。另一种 HSL(Hue－Saturation－Lightness)函数较少使用。

(1) 十六进制颜色说明符,定义为"#rgb"或者"#rrggbb"。例如,"#00ff00"表示纯绿色。

(2) RGB 函数,定义为"rgb(r, g, b)",变量 r、g、b 的取值为[0,255]之间的整数,例如,rgb(255, 0, 0) 表示纯红色。

(3) 通用 HTML 颜色名称,ImageDraw 模块提供了 140 个标准颜色名称。颜色名称对大小写不敏感。例如,"red"和"Red"都表示纯红色。

ImageDraw 模块的使用方法,可以通过案例 9.3.4_PIL_ImageDraw.py 进行说明:

```
import PIL
from PIL import Image
from PIL import ImageDraw
from PIL import ImageFont
##实例化一个 Image 类实例,新建一个图像大小:长为 500,宽为 500,背景色为白色
img = Image.new("RGB",(500,500),(255,255,255))
```

```
##实例化一个 Draw 类实例，可以在给定图像上绘图
draw = ImageDraw.Draw(img)
## print('hello')
##绘制圆和圆弧
## draw.arc(xy, startAngle, endAngle, options):
##在给定的区域内，在开始和结束角度之间绘制一条弧(圆的一部分)
## xy 为 4 元组(startX, startY, endX, endY)，包含了区域左上角和右下角两个点
的坐标
## startAngle, endAngle，表示弧度的起点和终点，弧线都是按照顺时针方向绘制
##变量 options 中 fill 设置弧的颜色
width, height = img.size
draw.arc( (0, 0, width-1, height-1), 0, 360, (255,0,0))
##绘制多个圆弧
arcNum = 4 #圆弧数量
for i in range(arcNum):
    startX = width * i/(arcNum * 2)
    startY = height * i/(arcNum * 2)
    endX = width - startX
    endY = height - startY
    startAngle = 360 * i/arcNum
    endAngle = 360
    r = 255
    g = 0
    b = 0
    draw.arc( (startX, startY, endX, endY), startAngle, endAngle, (r,g,b))
## draw.line(xy,options)绘制直线，在变量 xy 列表所表示的坐标之间画线
##变量 options 中 fill 设置线的颜色。
##绘制绿色交叉线，lineW 为线的宽度
lineW = 2
draw.line(((0,0), (width-1, height-1)), 'green',lineW)
draw.line(((0,height-1), (width-1, 0)), 'green',lineW)
##绘制蓝色中心水平线和中心垂直线，lineW 为线的宽度
lineW = 2
draw.line(((0,height/2), (width-1, height/2)), '#0000ff',lineW)
draw.line(((width/2,0), (width/2, height-1)), '#0000ff',lineW)
##在图的中心绘制一个椭圆，填充黄色
dotX = width/2
dotY = height/2
```

```
r = 20
draw.ellipse((dotX - r,dotY - r, dotX + r,dotY + r), 'yellow')
## draw.polygon(xy,options)绘制一个多边形
##多边形轮廓由给定坐标之间的直线组成
##在最后一个坐标和第一个坐标间增加了一条直线,形成多边形
##坐标列表是包含2元组[(x,y),…]或者数字[x,y,…]的任何序列对象
##它最少包括3个坐标值
##在图的右下角绘制一个三角形
dot1X = width/2 + 50
dot1Y = height/2 + 50
L = 100
draw.polygon([dot1X,dot1Y,dot1X,dot1Y + L,dot1X + L,dot1Y + L], fill = (255,
0, 0))
```

程序运行结果如图9.1所示。

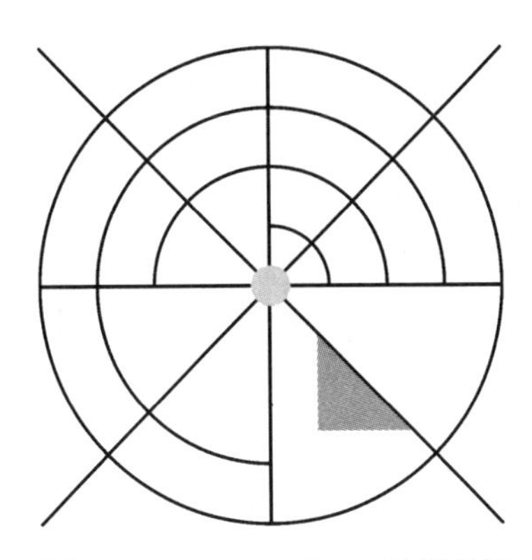

图9.1 PIL_ImageDraw运行结果

6. 使用ImageFont模块进行文字处理

ImageFont模块定义了ImageFont类。这个类的实例存储bitmap字体,用于ImageDraw类的text()方法。

如果要在指定文件的指定位置添加文字,主要的步骤有:

(1) 导入相关库包:需要导入Image,ImageDraw,ImageFont三个包。

(2) 打开文件。

(3) 实例化Draw类对象:对所有即将使用ImageDraw中操作的图片都要先进行这个对象的创建。

(4) 设定ImageFont类的字体属性:在Windows系统下,字体文件位于C:\Windows\Fonts文件夹下。用户可以根据自己的需要,从Fonts文件夹下选择所需字体文件。本实例中用到的'msyhbd.ttc'为微软雅黑字体。常见的其他字体还有:STCAIYUN.TTF为华文彩云字体,SIMYOU.TTF为幼圆字体文件,SIMLI.TTF为隶书字体文件,STXINGKA.TTF为行楷字体文件。

(5) 利用ImageDraw类的text()方法添加文字：draw. text( )方法的第一个参数为添加文字的位置(x,y)，第二个参数为添加的文字内容，第三个为参数为添加的文字颜色，第四个为参数为添加的文字字体。

(6) 特别说明：如果要添加中文文字，需要使用unicode。字符串前面加u表示unicode string，类型是unicode，没有u表示byte string，类型是str。Python中默认的编码方式一般是GBK，所以往往在console下输出汉字时都是乱码，应该先将其GBK解码，然后再用UTF-8进行编码。如本例中'添加文字——Python'. decode("gbk")。

9.3.5_PIL_imgFont.py给出了相关文字处理的示例：

```
# -*- coding: cp936 -*-
from PIL import Image,ImageDraw,ImageFont
img = Image.open('Show.jpg')
##显示一幅已经载入的图片
img.show()
##实例化一个Draw类实例
draw = ImageDraw.Draw(img)
##绘制文字
font = ImageFont.truetype('msyhbd.ttf',24)                ##设置字体 微软雅黑
## font = ImageFont.truetype('STCAIYUN.TTF',24)           ##设置字体 华文彩云
draw.text((0,0), u'添加文字--Python',(255,0,0),font=font)
## draw.text((0,0), '添加文字--Python'.decode("gbk"),(255,0,0),font =
font)                                                      ##这样处理也可以
draw.text((0,30),u'PIL FONT Application',(0,0,255),font=font)
img.save('ShowFont.jpg')
img.show()
```

9.3.2 numpy模块

为了理解一些简单图像处理技术的基础，本节将使用numpy模块介绍与之相关的多维数组与相关的矩阵运算。numpy(Numerical Python)模块是一个用Python实现的科学计算包，它支持一个强大的N维数组对象Array，大量高级的维度数组与矩阵运算，此外也针对数组运算提供大量的数学函数库。这为图像变形、对变化进行建模、图像分类、图像聚类等提供了基础。numpy可以从 http://www.scipy.org/Download 免费下载。

1. ndarray数组及其基本操作

ndarray是N维数组对象，数组的下标从0开始，其中所有元素必须是相同类型。ndarray的属性主要包括：ndim属性，表示维度个数；shape属性，表示各维度大小；dtype属性，表示数据类型。

ndarray数组的维数称为秩(rank)，一维数组的秩为1，二维数组的秩为2，以此类推。在numpy中，二维数组相当于是两个一维数组，其中第一个一维数组中每个元素又是一个

一维数组。ndarray 对象实例化为一维数组时，其索引功能与列表索引功能相似。ndarray 对象实例化为多维数组时 arr[r1:r2, c1:c2]，arr[1,1] 等价 arr[1][1]，[:] 代表某个维度的数据。例：x = numpy.array([[1,2],[3,4],[5,6]])时，x[0]表示[1,2]，x[:2] 表示[[1,2],[3,4]]，x[:2,:1]表示 [[1],[3]]。

示例 9.3.6_numpy_basic.py 给出了数组处理的示例：

```
import numpy as np
##在导入 numpy 的时候，将 np 作为 numpy 的别名。这是一种习惯性的用法
print ('使用列表生成二维数组')
data = [[1,2],[3,4],[5,6]]
x = np.array(data)
print (x)                  ##打印数组
print (x.dtype)            ##打印数组元素的类型
print (x.ndim)             ##打印数组的维度
print (x.shape)            ##打印数组各个维度的长度。shape 是一个元组
print ('生成指定元素类型的数组：设置 dtype 属性')
x = np.array([1,2.7,3],dtype = np.float64)
print (x)                  ##元素类型为 float64
print (x.dtype)
print ('使用 astype 复制数组，并转换类型')
y = x.astype(np.int32)
print (y)                  ##[1 2 3]
z = y.astype(np.float64)
print (z)                  ## [ 1.   2.   3.]
print ('ndarray 数组与标量/数组的运算')
x = np.array([1,2,3])
print (x * 2)              ##[2 4 6]
print (x > 2)              ##[False False  True]
y = np.array([3,4,5])
print (x + y)              ##[4 6 8]
print (x > y)              ##[False False False]
## ndarray 数组的基本索引和切片，二维数组为例
print ('ndarray 的基本索引')
p = np.array([[1,2],[3,4],[5,6]])
print (p[0])               ##[1,2]
print (p[0][1])            ## 2，普通 Python 数组的索引
print (p[0,1])             ##同 x[0][1]，ndarray 数组的索引
p = np.array([[[1, 2], [3,4]], [[5, 6], [7,8]]])
print (p[0])               ##[[1 2],[3 4]]
```

```
np.save('p.npy', p)                          ##保存到文件
q = np.load('p.npy')                          ##从文件读取
print ('从文件读取数组')
print (q)
```

2. numpy 与 PIL 进行简单的图像处理

示例程序 9.3.7_numpyPIL_new，使用 numpy 新建矩阵，并将新建为图像保存并打开：

```
import numpy as np
from PIL import Image
## 创建一张宽高都是 400 像素的 3 通道 8 位图片，黄色
img = np.zeros([400, 400, 3], np.uint8)
## 修改通道值
img[:, :, 0] = np.ones([400, 400]) * 255
img[:, :, 1] = np.ones([400, 400]) * 255
im = Image.fromarray(img.astype("uint8"))
im.save("imTest24.jpg")
im.show()
```

示例程序 9.3.8_numpyPIL_DEMO，使用 numpy 矩阵读取已有图像，并进行初步处理：

```
from PIL import Image
import numpy as np
## 反相
a = np.array(Image.open("show.jpg"))
b = [255, 255, 255] - a
im = Image.fromarray(b.astype("uint8"))
im.save("result 反相.jpg")
## 灰度，颜色变淡
img = np.array(Image.open('show.jpg')).astype('float')
img2 = (150.0/255) * img + 100          # 区间压缩再增加
im = Image.fromarray(img2.astype("uint8"))
im.save("result 变淡.jpg")
## 灰度，颜色加重
a = np.array(Image.open("show.jpg").convert('L')).astype('float')
b = 255 * (a/255) ** 2          # 像素平方
im = Image.fromarray(b.astype("uint8"))
im.save("result 加重.jpg")
```

```
## 将PIL对象转换为array之后,就变成了一个rows * cols * channels的三维矩阵,因此,可以使用img[i,j,k]来访问像素值。
img = np.array(Image.open('show.jpg'))
## 随机生成5000个噪点
rows,cols,dims = img.shape
for i in range(5000):
    x = np.random.randint(0,rows)
    y = np.random.randint(0,cols)
    img[x,y,:] = 255
im = Image.fromarray(img.astype("uint8"))
im.save("result 噪点.jpg")
```

9.3.3 matplotlib 模块

matplotlib 是基于 Python 语言的开源项目,由 John D. Hunter 发起。matplotlib 是广泛应用的 Python 2D 绘图模块,主要应用于数据的可视化,并且提供多样化的输出格式。通过 matplotlib,开发者便捷的生成绘图,直方图,功率谱,条形图,错误图,散点图等。通过使用 matplotlib 模块中的各种图形,可以方便以各种形式的展现对数据进行统计和分析的结果。并且,matplotlib 还提供多样化的输出格式。

1. 函数式绘图

matplotlib 是受 MATLAB 的启发开发的。在 MATLAB 中,利用函数的调用,可以轻松地利用一行命令来绘制图表,然后再用一系列的函数调整结果。在 matplotlib. pyplot 模块中,有一套类似的函数形式的绘图接口。熟悉 MATLAB 的用户,可以通过这套函数接口方便的过度到 matplotlib 包。

每一个 pyplot 函数可以改变一幅图像的一个部分。例如创建一幅图,在图中创建一个绘图区域,在绘图区域中添加坐标轴,添加图例等等。在 matplotlib. pyplot 中,各种状态通过函数调用保存起来,以便于可以随时跟踪像当前图像和绘图区域。绘图函数是直接作用于当前 axes(matplotlib 中的专有名词,图形中组成部分,不是数学中的坐标系)。

程序 9.3.9_pyplot_demo. py 给出了一个简单的绘制直线的示例:

```
from matplotlib.pyplot import *
plot([0, 1], [0, 1])        ## plot a line from (0, 0) to (1, 1)
title("a strait line")
xlabel("x value")
ylabel("y value")
savefig("pyplot_demo.jpg")
```

绘图结果如图 9.2 所示。

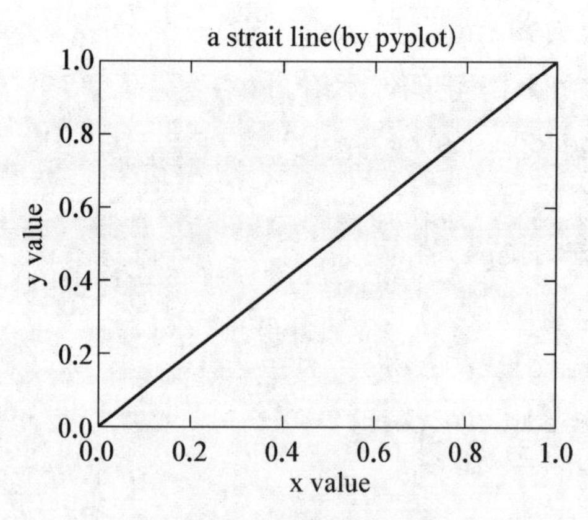

图9.2 绘制直线的示例

2. 面向对象式绘图

尽管函数式绘图很便利，但利用函数式编程会存在降低效率、隶属关系不清晰、细节不清等缺点。因此，matplotlib提供了面向对象的绘图方式。

(1) 绘图对象的层次

matplotlib API包含有三层：backend_bases. FigureCanvas、backend_bases. Renderer、artist. Artist。FigureCanvas和Renderer需要处理底层的绘图操作。通常绘图中不需要关心底层的绘制细节，只和Artist对象进行交互。

Artists对象分为简单类型和容器类型两种。简单类型的Artists为标准的绘图元件，例如曲线对象Line2D、矩形对象Rectangle、文本对象Text、图像对象AxesImage等等。而容器类型则可以包含许多简单类型的Artists，使它们组织成一个整体，例如Figure、Axes、Axis等。

从层次上看，最顶层的Artist对象是Figure，它包括整幅图像的所有元素。在Figure中可以包含多个图像(Axes)，每个Axes对应一个子图。如果要在图表中添加子图，可以通过调用add_subplot()与add_axes()方法，将它们分别加到figure的axes的属性列表中。

Axes容器是整个matplotlib库的核心，它包含了组成图表的众多Artist对象，可以用多种方法将其他的对象添加进来。例如：用plot方法添加曲线对象Line2D、用legend方法添加图例对象legend、用hist方法添加矩形对象Rectangle、用text方法添加文本对象Text、用imshow方法添加图像对象AxesImage等等。

在每个Axes中，还包含坐标轴axis对象。坐标轴axis对象包括刻度线(含主刻度和副刻度)、刻度文本、坐标网格以及坐标轴标题等。

因此，使用Artists对象来创建图表的标准流程有三个步骤：

① 创建Figure对象；

② 用Figure对象创建一个或者多个Axes或者Subplot对象；

③ 调用Axies等对象的方法创建各种简单类型的Artists。

(2) Artist对象的属性

① 共有属性

在各种Artist对象中，有一些共同的的属性，如表9.1所示。通过相应的get_*和set_*

函数,可以对各个属性进行读写。

表 9.1　Artist 对象共有属性

属性名	含义
alpha	透明度,值在 0 到 1 之间,0 为完全透明,1 为完全不透明
animated	布尔值,在绘制动画效果时使用
axes	此 Artist 对象所在的 Axes 对象,可能为 None
clip_box	对象的裁剪框
clip_on	是否裁剪
clip_path	裁剪的路径
contains	判断指定点是否在对象上的函数
figure	所在的 Figure 对象,可能为 None
label	文本标签
picker	控制 Artist 对象选取
transform	控制偏移旋转
visible	是否可见
zorder	控制绘图顺序

② Figure 对象用于包含其他对象的属性

Figure 对象是一种容器,可以包含其他的简单 Artist 对象。为了包含其他的 Artist 对象,Figure 对象的主要属性如表 9.2 所示。

表 9.2　Figure 对象属性

属性名	含义
axes	Figure 中包含的 Axes 对象列表
patch	作为背景的 Rectangle 对象
images	Figure 中包含的 FigureImage 对象列表,用来显示图片
legends	Figure 中包含的 Legend 对象列表
lines	Figure 中包含的 Line2D 对象列表
patches	Figure 中包含的 Patch 对象列表
texts	Figure 中包含的 Text 对象列表,用来显示文字

③ Axes 对象用于包含其他对象的属性

作为整个 matplotlib 库的核心，Axes 对象也是一种容器。为了包含其它的 Artist 对象，Axes 对象有一些属性与 Figure 对象相似，如 legends、lines、patches、texts。但考虑到对极坐标的实现，Axes 对象的背景（patch 对象），可以是 Circle 对象。Axes 对象的主要属性如表 9.3 所示。

表 9.3　Axes 对象属性

属性名	含义
artists	Axes 中包含的 Artist 对象列表
patch	Axes 的背景，可以是 Rectangle 或者 Circle
collections	Axes 中包含的 Collection 对象列表
images	Axes 中包含的 AxesImage 对象列表
legends	Axes 中包含的 Legend 对象列表
lines	Line2D 对象列表
patches	Axes 中包含的 Patch 对象列表
texts	Axes 中包含的 Text 对象列表
xaxis	Axes 中包含的 XAxis 对象
yaxis	Axes 中包含的 YAxis 对象

3. 绘图示例

上面的 9.3.9_pyplot_demo.py 示例可以用面向对象的方法改写为如下所示的9.3.10_OOploy_demo.py：

```
from matplotlib.figure import Figure
from matplotlib.backends.backend_agg import FigureCanvasAgg as FigureCanvas
fig = Figure()                              #新增 Figure 对象
canvas = FigureCanvas(fig)                  #新增 FigureCanvas 对象
ax = fig.add_axes([0.1, 0.1, 0.8, 0.8])    #新增 axes 对象
line= ax.plot([0,1],[0,1])                 #通过 plot 方法新增 Line2D 对象
ax.set_title("a straight line (Object Oriented Plot)")
ax.set_xlabel("x value")          #利用 axes 对象设置坐标轴 x 轴的标签
ax.set_ylabel("y value")          #利用 axes 对象设置坐标轴 y 轴的标签
canvas.print_figure('OOploy_demo.jpg')   #利用 print_figure 方法输出图像
```

程序运行结果如图 9.3 所示。

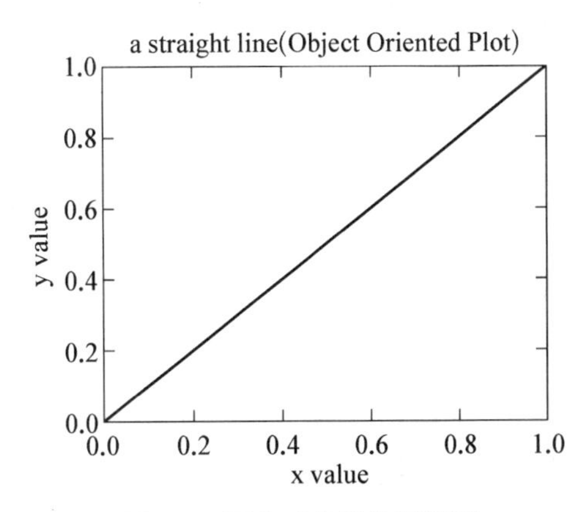

图 9.3　面向对象的绘图示例

4. 基本图形的绘图

(1) 条形图

条形图经常在数据显示的时候被使用，也称为柱状图。通常条形图又包括两种，一种是竖直的，使用 bar()函数，一种是水平的，使用 barh()函数。

绘制条形图的函数的调用形式为：bar(left, height, width=0.8, bottom=None, hold=None, ** kwargs)。其中的各个参数的含义分别为：

left：条形图的 x 坐标；

height 条形图的高度，以 0.0 为基准；

width：条形图的宽度，默认 0.8；

facecolor：颜色；

edgecolor：边框颜色 n；

bottom：表示底部从 y 轴的哪个刻度开始画；

yerr：对应数据的误差范围，加上这个参数，条形图头部会有一个蓝色的范围标识，标出允许的误差范围，在水平条形图中这个参数为 xerr。

例：有六个班级的考试平均成绩分别为[82, 84, 89, 76, 94, 74]，请用条形图展示其成绩。

示例程序 9.3.11_pyplot_bar 以垂直条形图为例进行说明：

```
import numpy as np
import matplotlib.mlab as mlab
import matplotlib.pyplot as plt
X = [1, 2, 3, 4, 5, 6]
Y = [82, 84, 89, 76, 94, 74]
fig = plt.figure()
plt.bar(X, Y, 0.4, color = "green")
plt.xlabel("Classes")
plt.ylabel("Score")
```

```
plt.title("The average score of six classes")
plt.savefig("barChart.jpg")
plt.show()
```

程序运行结果如图 9.4 所示。

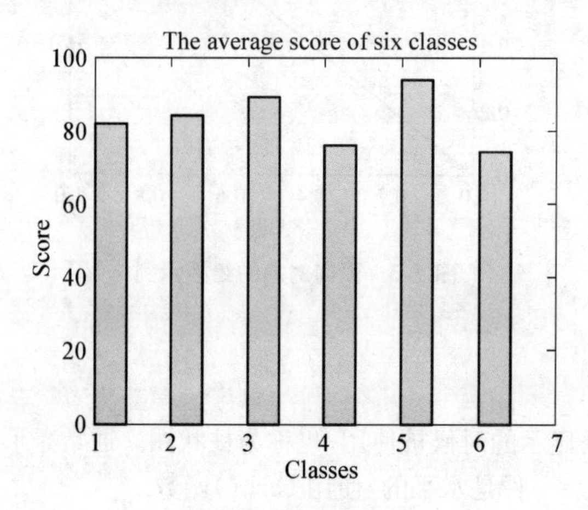

图 9.4 垂直条形图

也可以使用面向对象的方法,实现类似的功能。下面的程序 9.3.12_OO_bar.py 用横向条形图实现了上述数据的可视化:

```
import numpy as np
import matplotlib.pyplot as plt
plt.rcdefaults()
fig, ax = plt.subplots()
className = ('class1', 'class2', 'class3', 'class4', 'class5','class6')
y_pos = np.arange(len(className))
scores=[82, 84, 89, 76, 94,74]
error = [5.1,4.3,6.7,3.5,2.1,3.7]
ax.barh(y_pos, scores, xerr=error, align='center',
        color='#6666ff', ecolor='black')
ax.set_yticks(y_pos)
ax.set_yticklabels(className)
ax.invert_yaxis()
ax.set_xlabel('Performance')
ax.set_title('The average score of six classes')
plt.show()
```

程序的运行结果如图 9.5 所示。

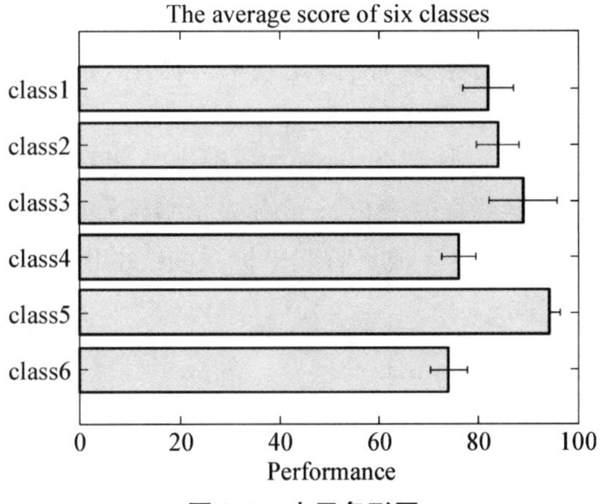

图 9.5　水平条形图

(2) 散点图

示例 9.3.13_pltSactter 可以随机生成 50 个点,每个点的位置随机,半径随机:

```
import numpy as np
import matplotlib.pyplot as plt
import time
np.random.seed(int(time.time()))        ##根据当前的日期生成一个随机化种子
N = 50  #画点的数量
x = np.random.rand(N)
y = np.random.rand(N)
colors = np.random.rand(N)
area = (30 * np.random.rand(N)) ** 2
##点的坐标 x,y 和点的颜色和大小,都是长度为 N 的序列
plt.scatter(x, y, s = area, c = colors, alpha = 0.5)
plt.show()
```

程序的运行结果如图 9.6 所示。

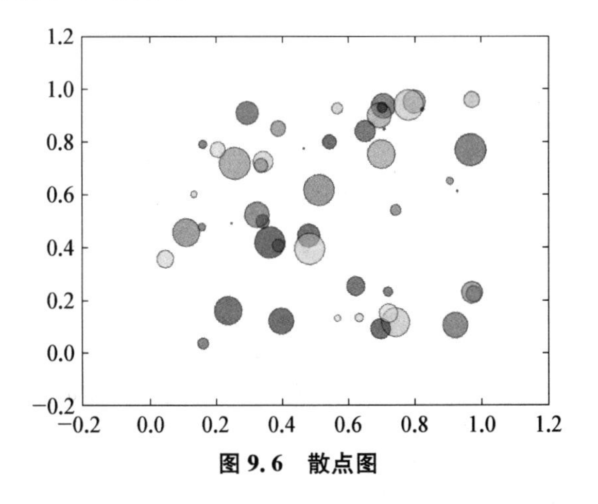

图 9.6　散点图

（3）双坐标系曲线图

双坐标系图像具有单 y 轴图像没有的对比效果。使用 twinx()方法可以共享 X 轴，并创建一个独立的 Y 轴。通过函数 Axes. tick_params(axis, width, colors)可以设置坐标系的配置。该函数的参数 axis 的值为 'x'、'y'、'both'，分别代表设置 X 轴、Y 轴以及同时设置，默认值为 'both'，colors 是坐标系的标签颜色，width 表示坐标轴的宽度。

示例 9.3.14_pltTwoScales 将生成具有双坐标系曲线的图：

```
import numpy as np
import matplotlib.pyplot as plt
##生成待绘图数据
t = np.arange(0.01, 10.0, 0.01)
data1 = np.exp(t)
data2 = np.sin(2 * np.pi * t)
fig, ax1 = plt.subplots()      ##生成一个图表
##设定坐标系 1 下的图形
color = 'red'
ax1.set_xlabel('time (s)')
ax1.set_ylabel('exp', color = color)
ax1.plot(t, data1, color = color)
ax1.tick_params(axis = 'y', labelcolor = color)
ax2 = ax1.twinx()                    ##共享 X 轴，并创建一个独立的 Y 轴
##设定坐标系 2 下的图形
color = 'blue'
ax2.set_ylabel('sin', color = color)
ax2.plot(t, data2, color = color)
ax2.tick_params(axis = 'y', labelcolor = color)
fig.tight_layout()
plt.show()
```

程序的运行结果如图 9.7 所示。

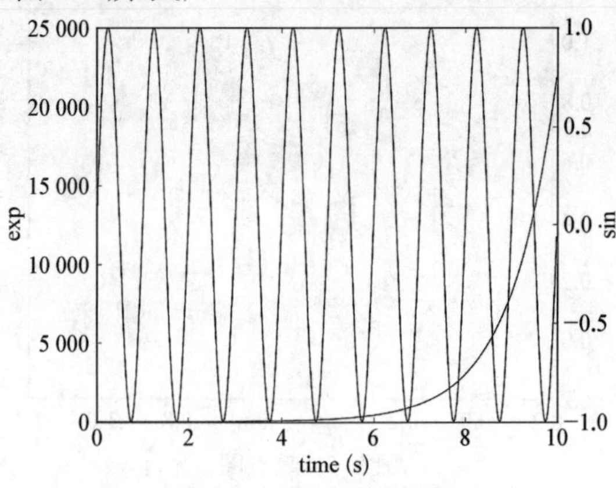

图 9.7　双坐标系曲线图

在 Python 中可以用的颜色名称，可以用下面的代码 9.3.15_pltColorFind 进行查询：

```
import matplotlib
for name, hex in matplotlib.colors.cnames.items():
    print(name, hex)
```

9.4 案例 1 用 Python 生成验证码图片

在使用网络服务时，使用验证码是一种常见的安全保障措施。通过验证码验证的操作，可以在网站上防止恶意注册、发帖等行为。验证码生成原理是将一串随机产生的数字或符号，生成一幅图片，图片里加上一些干扰像素（防止 OCR）。下面就以此为例，说明验证码图片的生成方法。本案例中需要引用 Python 中的 PIL 库。

生成验证码图片的主要步骤如下：

(1) 生成一个随机字符串，包含 26 个字母和 10 个数字。

(2) 创建一个图片，写入字符串，并设置字体。

(3) 添加干扰性元素，如随机线和随机点等。

(4) 添加扭曲的效果。创建扭曲，加上滤镜，用来增强验证码的效果。

示例程序 9.4.1_case1validateCode.py 实现了上述功能：

```
from PIL import Image
from PIL import ImageDraw
from PIL import ImageFont
import random
## STEP1 生成一个随机字符串，包含 6 位数字
iRnd = random.randint(100000, 999999)
## STEP2 创建图片，写入字符串
img = Image.new("RGB", (200, 60), '#ffffff')
draw = ImageDraw.Draw(img)
font = ImageFont.truetype('msyhbd.ttf',36)
draw.text((0, 0), str(iRnd),(0,255,0),font)
## STEP3 加干扰项：画一部分的线条
n = 50
for i in range(n):
    line = (random.randint(0, 200), random.randint(0, 60),random.randint
(0, 200), random.randint(0, 60))
    draw.line(line, (123,234,243), 1)
## STEP4 增加干扰项：画一部分的圆
n = 50
for i in range(n):
```

```
        r = random.randint(5, 10)
        x,y = (random.randint(5, 200), random.randint(5, 60))
        rgb = (random.randint(0, 255),random.randint(0, 255),random.randint(0,
255))
        draw.pieslice((x-r/2, y-r/2, x + r/2, y + r/2), 0, 360, rgb)
    ##显示验证码
    img.show()
    while True:
        sinput = input("请输入一个数字:")
        if sinput == str(iRnd):
            break
        print ("输入有误,请重新输入")
        img.show()
    print ("输入正确")
```

程序的运行结果如图 9.8 所示。

图 9.8 验证码运行结果示例

9.5 案例 2 MRI 图像的显示与分析

医学影像学 Medical Imaging,是研究借助于某种介质(如 X 射线、电磁场、超声波等)与人体相互作用,把人体内部组织器官结构、密度以影像方式表现出来,供诊断医师根据影像提供的信息进行判断,从而对人体健康状况进行评价的一门科学。

示例 9.5_mri_with_eeg.py 主要介绍 Python 实现读取 MRI(核磁共振成像)为 numpy 数组,使用 imshow 显示为灰度,并进一步对其密度进行分析,并同时显示脑电波:

```
from __future__ import division, print_function
import numpy as np
import matplotlib.pyplot as plt
import matplotlib.cbook as cbook
import matplotlib.cm as cm
from matplotlib.collections import LineCollection
from matplotlib.ticker import MultipleLocator
```

```
fig = plt.figure("MRI_with_EEG")
## 获取示例 MRI 数据
with cbook.get_sample_data('s1045.ima.gz') as dfile:
    im = np.fromstring(dfile.read(), np.uint16).reshape((256, 256))
## 绘制 MRI 图像
ax0 = fig.add_subplot(2, 2, 2)
ax0.imshow(im, cmap=cm.gray)
ax0.axis('off')
## 绘制 MRI 强度直方图
ax1 = fig.add_subplot(2, 2, 1)
im = np.ravel(im)
im = im[np.nonzero(im)]
im = im / (2 ** 16 - 1)
ax1.hist(im, bins=80)
ax1.xaxis.set_major_locator(MultipleLocator(0.25))
ax1.minorticks_on()
ax1.set_yticks([])
ax1.set_xlabel('Intensity (a.u.)')
ax1.set_ylabel('MRI density')
##加载脑电波数据
numSamples, numRows = 800, 4
with cbook.get_sample_data('eeg.dat') as eegfile:
    data = np.fromfile(eegfile, dtype=float)
data.shape = (numSamples, numRows)
t = 10.0 * np.arange(numSamples) / numSamples
##绘制脑电波图像
ticklocs = []
ax2 = fig.add_subplot(2, 1, 2)
ax2.set_xlim(0, 10)
ax2.set_xticks(np.arange(10))
dmin = data.min()
dmax = data.max()
dr = (dmax - dmin) * 0.8
y0 = dmin
y1 = (numRows - 1) * dr + dmax
ax2.set_ylim(y0, y1)
segs = []
for i in range(numRows):
```

```
    segs.append(np.hstack((t[:, np.newaxis], data[:, i, np.newaxis])))
    ticklocs.append(i * dr)
offsets = np.zeros((numRows, 2), dtype = float)
offsets[:, 1] = ticklocs
lines = LineCollection(segs, offsets = offsets, transOffset = None)
ax2.add_collection(lines)
##根据 ticklocs 序列的值,设定 y 轴.
ax2.set_yticks(ticklocs)
ax2.set_yticklabels(['PG3', 'PG5', 'PG7', 'PG9'])
ax2.set_xlabel('Time (s)')
plt.tight_layout()
plt.show()
```

程序的运行结果如图 9.9 所示。

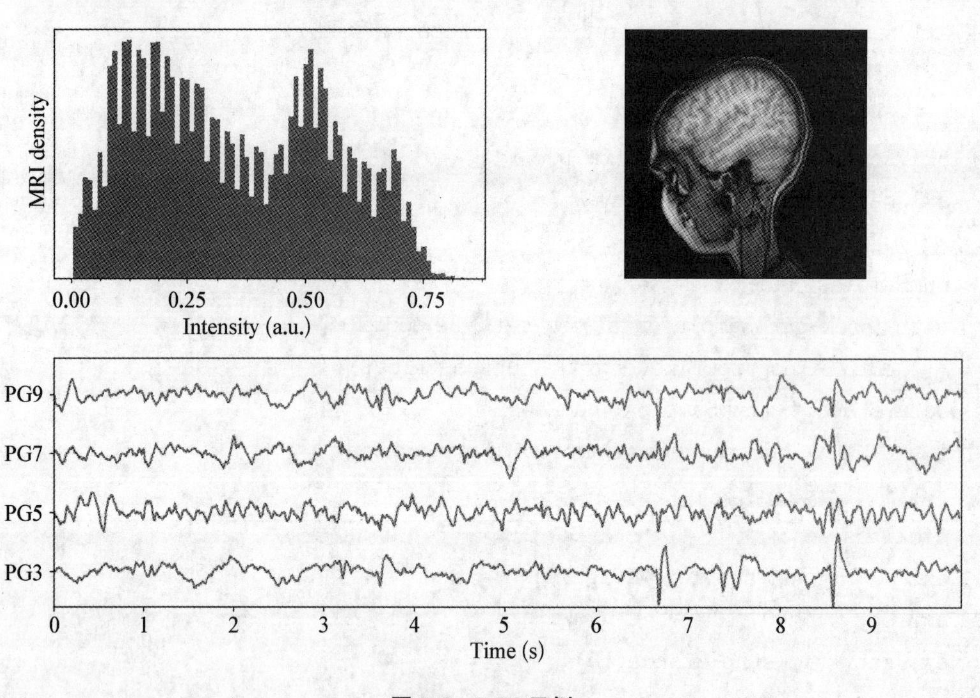

图 9.9 MRI 示例

本章小结

本章介绍了 Python 中处理图形图像的基础知识,结合示例介绍了相关的各种工具包与库函数。

turtle 模块也称为海龟绘图(Turtle Graphics),是 Python 标准库,可以直接导入使用。该模块可以实现基本的绘图需求。

Python 处理图形图像的主要特点就是具有丰富的第三方库包。本章主要介绍了 PIL 模块，numpy 模块，matplotlib 模块。

PIL 模块，Python Imaging Library，是 Python 中最常用的图像处理库。本章介绍了其安装的方法、PIL 中图像处理的基本概念，并结合案例介绍了使用 Image、ImageFont，ImageDraw，ImageFilter 等模块操作图像的方法。

numpy(Numerical Python)模块是一个用 Python 实现的科学计算包。本章主要介绍在图像处理中，numpy 模块中与之相关的多维数组与相关的矩阵运算。numpy 模块中的 N 维数组对象 Array，包含了针对多维数组运算提供的大量函数库。本章结合案例，介绍了利用 numpy 模块进行图像处理的基本知识。

matplotlib 模块是广泛应用于数据的可视化的绘图模块。本章介绍了该模块中函数式绘图和面向对象式绘图的基本概念。结合案例介绍了多种图表的绘制方式。

最后，本章介绍了两个综合案例，生成验证码图片和 MRI 图像的显示与分析。通过这两个案例，深入展示相关模块的综合应用。

习　题

一、问答题

1. 为什么当使用 plt. savefig 保存生成的图片时，结果打开生成的图片却是一片空白。如何解决？

2. 将图像读入 numpy 数组对象后，通过执行数学操作，进行图像的灰度变换。请阅读下列代码，并分析 line1，line2，line3 的功能。

```
from PIL import Image
from numpy import *
im = array(Image.open("empire.jpg").convert("L"))
im2 = 255 - im                              ## line1
im3 = (100.0/255) * im + 100                ## line2
im4 = 255.0 * (im/255.0) ** 2               ## line3
```

3. 在 Python 中，设图像宽为 W，高为 H，则中心点的坐标为什么？坐标系 X 轴是如何增长的？而 Y 轴是如何增长的？

二、编程题

1. 使用 turtle 模块绘制红色填充黑色线条的五角星；

2. 使用读取程序当前文件夹内的所有图像，并创建图像(128 * 128)的缩略图，并把这些缩略图保存在子文件夹 thumbnail 内；

3. 使用 numpy 模块生成初始值为 0 的 5 个随机游走序列，每个序列长度为 300。随机游走的要求是基于整数的随机游走，从 0 开始，每 100ms 随机移动一步以相同的概率移动 +1 或 −1。并使用 matplotlib 模块绘制模拟的结果，各个序列用不同的颜色表示。效果如图 9. 练习. 1 所示；

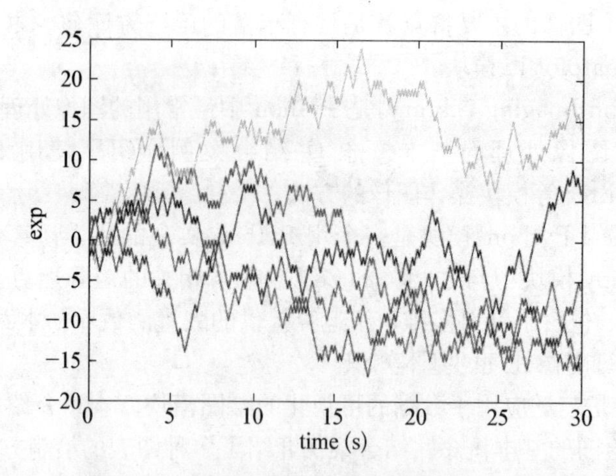

图 9. 练习. 1　随机游走

4. 将你的 QQ 头像(或者微博头像)右上角加上红色的数字,类似于微信未读信息数量那种提示,效果如图 9. 练习. 2 所示;

图 9. 练习. 2　QQ 加角标效果

5. 使用 turtle 模块绘制回形图案的过程。绘制结果如图 9. 练习. 3 所示。

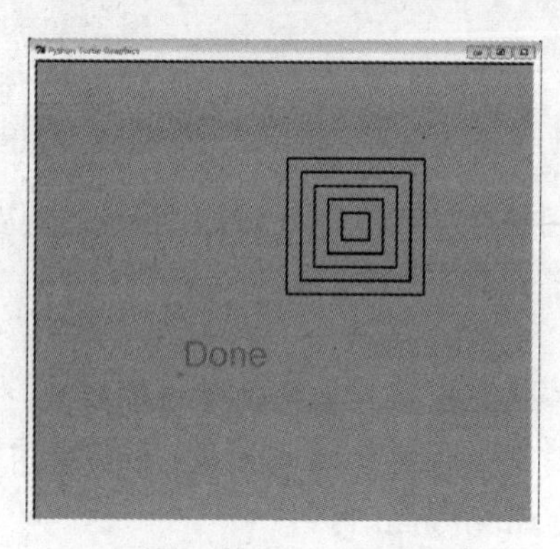

图 9. 练习. 3　回形图案

【微信扫码】
源代码 & 相关资源

第 10 章 人工智能初探

10.1 概述

1956 年 8 月约翰·麦卡锡(John McCarthy)、马文·闵斯基(Marvin Minsky)、克劳德·香农(Claude Shannon)、艾伦·纽厄尔(Allen Newell)、赫伯特·西蒙(Herbert Simon)等科学家在达特茅斯学院开会讨论“如何用机器模仿人的智能”。这标志着人工智能学科的诞生。

人工智能的发展经历了逻辑推理、知识工程、机器学习这几个阶段。随着机器学习中的深度学习算法的出现,人工智能进入了实用阶段。

本章节主要介绍人工智能中的机器学习。

图 10.1　人工智能、机器学习、深度学习的关系

Python 拥有大量与机器学习相关的开源框架及工具库,如 sklearn、tensorflow、theano、keras。

本章后续内容以 sklearn 库为工具介绍机器学习。

10.2 sklearn 简介

sklearn(Scikit-learn)模块是常用机器学习三方库。其中包括了大量常用的经典机器学习算法库,如线性回归(Linear Regression)、决策树(Decision Trees)、支持向量机(Support Vector Machines)、K 近邻(K－Nearest Neighbor)、随机森林(Random Forest)、K 均值(K-means)以及人工神经网络(Artificial Neural Networks)等等。

需要安装三方库 sklearn，则需先安装好 numpy 及 scipy，然后通过“pip install sklearn”命令即可完成安装。若使用的是 Anaconda，则无需安装这些库，Anaconda 已集成了这些库。

10.2.1 机器学习的一般流程

机器学习的一般流程是：

(1) 数据预处理

① 检查数据是否有特征值缺失。若有缺失，则舍弃该样本，或使用该样本空间中对应特征值的均值、中位数或出现次数最多的值来填补缺失。

② 对连续型特征值进行标准化或归一化处理，若是采用概率模型——决策树、随机森林等等则忽略此处理。

③ 对文本描述分类型特征值进行 one-hot 编码。若连续型特征值需转化为分类特征值，则进行二值化处理。

④ 若进行后续模型训练并预测评估结果不理想，则可能会返回并对数据作其他方式的变换。

(2) 选择恰当的模型训练

包括了训练集与测试集的随机拆分、特征的筛选、模型预测评估及调整再训练。

(3) 保存模型

(4) 模型使用

10.2.2 sklearn 数据集

sklearn 模块的 sklearn. datasets 提供了许多小型数据集以供初学者学习使用，还提供了一些大型数据集的下载方法及随机样本数据集生成方法。

1. 小型数据集

sklearn 模块提供了波士顿房价、乳腺癌分类、糖尿病发展指数、手写数字识别、鸢尾花分类及葡萄酒分类等小型数据集。其中，波士顿房价、糖尿病发展指数属于回归问题；乳腺癌分类、手写数字识别、鸢尾花分类及葡萄酒分类等属于分类问题。

分别以波士顿房价(回归问题)和乳腺癌分类(分类问题)为例介绍小型数据集的加载及获取信息的方法。

(1) 波士顿房价数据集

加载数据集的方法：

```
load_boston(return_X_y = False)
```

该数据集包括了 506 个样本，每个样本有 13 个特征描述值及一个目标值。特征包括所属区域人均犯罪率、房间数、与波士顿的就业中心的距离等等 13 个特征值，而目标值为房价。

示例 10.2.1_BostonExample. py 展示了获取该数据集详细信息的方法：

```
##波士顿房价数据集
from sklearn.datasets import load_boston
BostonData = load_boston()                ##加载该数据集
BostonX = BostonData.data
                          ##获取该数据集样本的特征值数组(numpy.ndarray 类型)
```

```
Bostony = BostonData.target
                              ##获取该数据集样本的目标值数组(numpy.ndarray 类型)

print("(样本数,特征数):",BostonX.shape)      ##打印该数据集的样本数及特征数
print("特征名称:",BostonData.feature_names)       ##打印样本的各特征名称

print("-" * 60)
print("第一个样本特征:",BostonX[0])

print("-" * 60)
print("第一个样本特征名称及值对应表:")
for i in range(len(BostonData.feature_names)):
    print("%s: %f" % (BostonData.feature_names[i],BostonX[0][i]))

print("-" * 60)
print("第一个样本目标值:",Bostony[0])
```

运行结果如下：

```
(样本数,特征数):(506, 13)
特征名称:['CRIM' 'ZN' 'INDUS' 'CHAS' 'NOX' 'RM' 'AGE' 'DIS' 'RAD' 'TAX' 'PTRATIO'
'B' 'LSTAT']
------------------------------------------------------------
第一个样本特征:[6.320e-03 1.800e+01 2.310e+00 0.000e+00 5.380e-01
6.575e+00 6.520e+01
4.090e+00 1.000e+00 2.960e+02 1.530e+01 3.969e+02 4.980e+00]
------------------------------------------------------------
第一个样本特征名称及值对应表:
CRIM: 0.006320
ZN: 18.000000
INDUS: 2.310000
CHAS: 0.000000
NOX: 0.538000
RM: 6.575000
AGE: 65.200000
DIS: 4.090000
RAD: 1.000000
TAX: 296.000000
PTRATIO: 15.300000
B: 396.900000
```

```
LSTAT: 4.980000
------------------------------------------------------------
第一个样本目标值: 24.0
```

在加载数据之前需 import 该数据集模块，然后再通过 load_boston 方法实现数据的加载。通过该数据的 data 属性，可以获取样本特征值构成的 numpy. ndarray 类型的数组；该数据的 target 属性，可以获取样本目标值构成的 numpy. ndarray 类型的数组；该数据的 feature_names 属性，可以获取样本的各特征的名称。

根据此数据集建立模型并预测属于回归问题。

(2) 乳腺癌分类数据集

加载数据集的方法：

```
load_breast_cancer(return_X_y = False)
```

该数据集包括了 569 个样本，每个样本有 30 个特征描述值及一个目标分类。特征包括半径、纹理、周长、面积、平滑度、对称性等等 30 个数值，目标分类为 WDBC 恶性或 WDBC 良性。

示例 10.2.2_BreastCancerExample.py 展示了获取该数据集详细信息的方法：

```
##乳腺癌分类数据集
from sklearn.datasets import load_breast_cancer
BreastCancerData = load_breast_cancer()                    ##加载该数据集
BreastCancerX = BreastCancerData.data
#获取该数据集样本的特征值数组(numpy.ndarray 类型)
BreastCancery = BreastCancerData.target
#获取该数据集样本的目标类别数组(numpy.ndarray 类型)

print("(样本数,特征数):",BreastCancerX.shape)
                                          ##打印该数据集的样本数及特征数
print("特征名称:",BreastCancerData.feature_names)  ##打印样本的各特征名称
print("结果类别名称:",BreastCancerData.target_names)
                                               ##打印样本的目标类别名称

print("-" * 60)
print("第一个样本特征值:",BreastCancerX[0])

print("-" * 60)
print("第一个样本特征名称及值对应表:")
for i in range(len(BreastCancerData.feature_names)):
    print("%s: %f" % (BreastCancerData.feature_names[i],BreastCancerX[0][i]))

print("-" * 60)
print("第一个样本目标类别:")
print("值: %d" % BreastCancery[0])
```

```
print("类别名称：%s" % BreastCancerData.target_names[BreastCancery[0]])
```

运行结果如下：

```
(样本数,特征数):(569, 30)
特征名称:['mean radius' 'mean texture' 'mean perimeter' 'mean area'
'mean smoothness' 'mean compactness' 'mean concavity'
'mean concave points' 'mean symmetry' 'mean fractal dimension'
'radius error' 'texture error' 'perimeter error' 'area error'
'smoothness error' 'compactness error' 'concavity error'
'concave points error' 'symmetry error' 'fractal dimension error'
'worst radius' 'worst texture' 'worst perimeter' 'worst area'
'worst smoothness' 'worst compactness' 'worst concavity'
'worst concave points' 'worst symmetry' 'worst fractal dimension']
结果类别名称:['malignant' 'benign']
------------------------------------------------------------
第一个样本特征值:[1.799e+01 1.038e+01 1.228e+02 1.001e+03 1.184e-01
2.776e-01 3.001e-01
1.471e-01 2.419e-01 7.871e-02 1.095e+00 9.053e-01 8.589e+00 1.534e+02
6.399e-03 4.904e-02 5.373e-02 1.587e-02 3.003e-02 6.193e-03 2.538e+01
1.733e+01 1.846e+02 2.019e+03 1.622e-01 6.656e-01 7.119e-01 2.654e-01
4.601e-01 1.189e-01]
------------------------------------------------------------
第一个样本特征名称及值对应表:
mean radius: 17.990000
mean texture: 10.380000
mean perimeter: 122.800000
mean area: 1001.000000
mean smoothness: 0.118400
mean compactness: 0.277600
mean concavity: 0.300100
mean concave points: 0.147100
mean symmetry: 0.241900
mean fractal dimension: 0.078710
radius error: 1.095000
texture error: 0.905300
perimeter error: 8.589000
area error: 153.400000
smoothness error: 0.006399
compactness error: 0.049040
```

```
concavity error: 0.053730
concave points error: 0.015870
symmetry error: 0.030030
fractal dimension error: 0.006193
worst radius: 25.380000
worst texture: 17.330000
worst perimeter: 184.600000
worst area: 2019.000000
worst smoothness: 0.162200
worst compactness: 0.665600
worst concavity: 0.711900
worst concave points: 0.265400
worst symmetry: 0.460100
worst fractal dimension: 0.118900
________________________________________________________
第一个样本目标类别:
值:0
类别名称:malignant
```

import 该数据集模块后,通过 load_breast_cancer 方法即可实现乳腺癌分类数据集的加载。通过该数据的 data 属性,可以获取样本特征值构成的 numpy. ndarray 类型的数组;该数据的 target 属性,可以获取样本目标类别构成的 numpy. ndarray 类型的数组;该数据的 feature_names 属性,可以获取样本的各特征的名称;该数据的 target_names 属性,可以获取样本的目标类别的名称。

根据此数据集建立模型并预测属于分类问题。

(3) 其余数据集

加载糖尿病发展指数数据集:

```
load_diabetes(return_X_y = False)
```

① 样本数:442。

② 特征:10 个,分别是['age', 'sex', 'bmi', 'bp', 's1', 's2', 's3', 's4', 's5', 's6']。

③ 结果:25—346 之间的一个值。

加载手写数字识别数据集:

```
load_digits(n_class = 10, return_X_y = False)
```

① 样本数:1797。

② 特征:64(8 * 8 的图像)。

③ 结果:10 个类别[0 1 2 3 4 5 6 7 8 9]中的一种。

加载鸢尾花分类数据集:

```
load_iris(return_X_y = False)
```

① 样本数：150。

② 特征：4个，分别是['sepal length (cm)', 'sepal width (cm)', 'petal length (cm)', 'petal width (cm)']。

③ 结果：3个类别['setosa' 'versicolor' 'virginica']中的一种。

加载葡萄酒分类数据集：

```
load_wine(return_X_y=False)
```

① 样本数：178。

② 特征：13个，分别是['alcohol', 'malic_acid', 'ash', 'alcalinity_of_ash', 'magnesium', 'total_phenols', 'flavanoids', 'nonflavanoid_phenols', 'proanthocyanins', 'color_intensity', 'hue', 'od280/od315_of_diluted_wines', 'proline']。

③ 结果：3个类别['class_0' 'class_1' 'class_2']中的一种。

2. 可在线下载数据集

sklearn不仅提供了小规模标准数据集，还提供了如表10.1所示的可在线下载的数据集。

表10.1　sklearn.datasets在线下载的数据集

数据集获取方法	数据集内容
fetch_olivetti_faces([data_home, shuffle, ...])	Olivetti faces人脸数据集
fetch_20newsgroups([data_home, subset, ...])	20组新闻数据集
fetch_20newsgroups_vectorized([subset, ...])	
fetch_lfw_people([data_home, funneled, ...])	带标记名人人脸数据集
fetch_lfw_pairs([subset, data_home, ...])	
fetch_covtype([data_home, ...])	美国森林数据集
fetch_rcv1([data_home, subset, ...])	RCV1多标签新闻数据集
fetch_kddcup99([subset, data_home, shuffle, ...])	kddcup99数据集
fetch_california_housing([data_home, ...])	加州房价数据集

3. 随机样本数据集生成

sklearn还提供了多种生成适合不同任务的随机样本数据集的方法。常用数据集生成方法有：

(1) 生成回归模型数据集的make_regression方法。

(2) 生成单标签分类模型数据集的make_classification方法，多标签分类模型数据集的make_multilabel_classification方法。

(3) 生成单标签聚类模型数据集的make_blobs方法。

(4) 生成分组多维正态分布数据集的make_gaussian_quantiles方法。

示例10.2.3_make_regressionExample1.py即使用make_regression方法生成了含有1个特征的回归模型数据集：

```
##生成回归模型数据集
import matplotlib.pyplot as plt
from sklearn.datasets import make_regression
X,y = make_regression(n_samples = 300,n_features = 1,noise = 5)
## n_samples 为生成的样本数目,n_features 为样本的特征数,noise 为随机增噪
plt.scatter(X,y)
plt.show()
```

该示例产生数据集后,使用 matplotlib 展示数据分布,如图 10.2 所示。

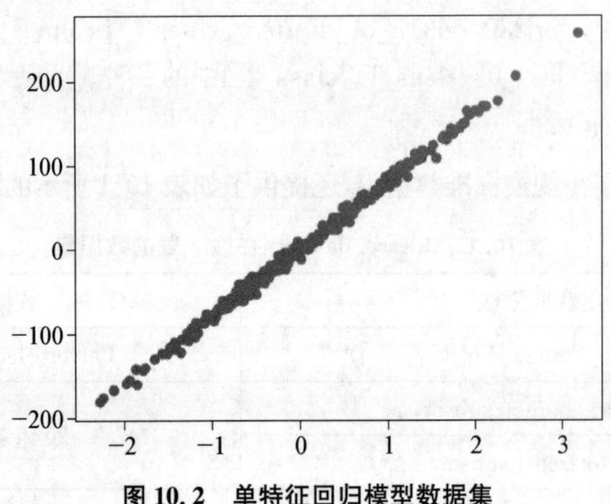

图 10.2 单特征回归模型数据集

示例 10.2.4_make_regressionExample2.py 即使用 make_regression 方法生成了含有 2 个特征的回归模型数据集:

```
##生成回归模型数据集
import matplotlib.pyplot as plt
from mpl_toolkits.mplot3d import Axes3D
from sklearn.datasets import make_regression
X,y = make_regression(n_samples = 300,n_features = 2,noise = 5)
## n_samples 为生成的样本数目,n_features 为样本的特征数,noise 为随机增噪
fig = plt.figure()
ax = Axes3D(fig)
ax.scatter(X[:,0],X[:,1],y)
plt.show()
```

该示例产生数据集后,使用 matplotlib 展示数据分布,如图 10.3 所示。

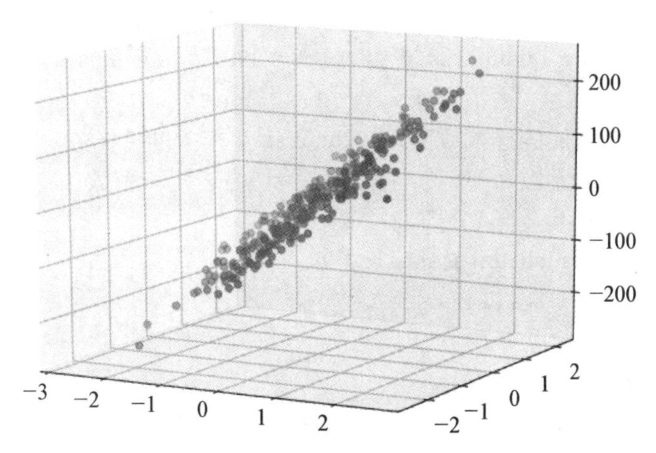

图 10.3　含两个特征的回归模型数据集

示例 10.2.5_othermakeExample.py 即使用其他生成方法生成了不同模型数据集：

```
import matplotlib.pyplot as plt

## 生成分类模型数据集
from sklearn.datasets import make_classification
X,y = make_classification(n_samples = 300,n_features = 2,n_redundant = 0,
                          n_classes = 3,n_clusters_per_class = 1)
## n_samples 为生成的样本数目,n_features 为样本的特征数
## n_redundant 为冗余特征个数,n_classes 为类别数
## n_clusters_per_class 为每个类别的 cluster 数目
plt.subplot(221)                      ## 2 行 2 列第 1 个子图
plt.title("make_classification")
plt.scatter(X[:,0],X[:,1],s = 5,c = y)

## 生成聚类模型数据集
from sklearn.datasets import make_blobs
X,y = make_blobs(n_samples = 300,n_features = 2,centers = [[1,1],[3,3],[5,
5]],
                 cluster_std = [0.8,0.4,0.7])
## n_samples 为生成的样本数目,n_features 为样本的特征数
## centers 为每个 cluster 的中心,cluster_std 为每个 cluster 的标准差
plt.subplot(222)                      ## 2 行 2 列第 2 个子图
plt.title("make_blobs")
plt.scatter(X[:,0],X[:,1],s = 5,c = y)

## 生成分组多维正态分布数据集
```

```
from sklearn.datasets import make_gaussian_quantiles
X,y = make_gaussian_quantiles(n_samples = 300,n_features = 2,n_classes = 3,
                              mean = [1,2],cov = 2)
## n_samples 为生成的样本数目,n_features 为样本的特征数
## n_classes 为类别数,mean 为均值,cov 为协方差矩阵系数
plt.subplot(223) ## 2 行 2 列第 3 个子图
plt.title("make_gaussian_quantiles")
plt.scatter(X[:,0],X[:,1],s = 5,c = y)

##生成月牙型数据集
from sklearn.datasets import make_moons
X,y = make_moons(n_samples = 300,noise = 0.1)
## n_samples 为生成的样本数目,noise 为随机增噪
plt.subplot(224)          ## 2 行 2 列第 4 个子图
plt.title("make_moons")
plt.scatter(X[:,0],X[:,1],s = 5,c = y)

##调整子图之间的距离,并展示
plt.tight_layout()
plt.show()
```

该示例产生数据集后,分别使用 matplotlib 子图展示数据分布,如图 10.4 所示。

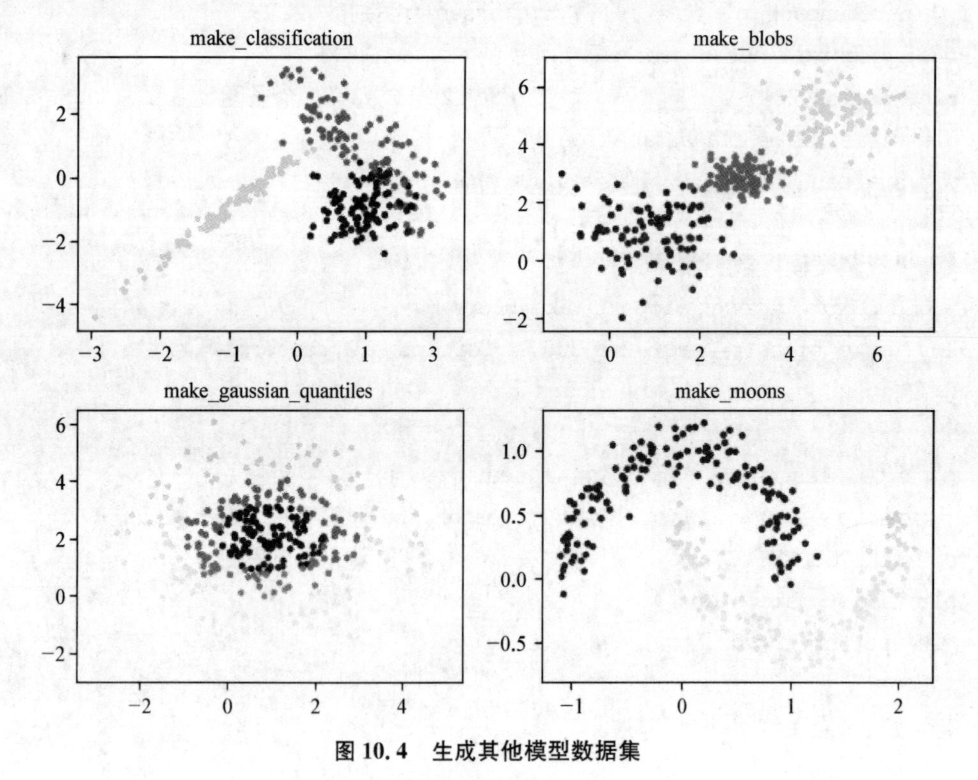

图 10.4 生成其他模型数据集

10.3 数据预处理

机器学习在模型训练前通常都需要进行数据预处理。

10.3.1 缺失填补

初始数据集中有些样本会缺失个别特征值，而这对后续模型训练会造成一定的影响。处理方法有两种，一种是直接舍弃该样本；另一种则是使用该数据集中对应特征值的均值、中位数或出现次数最多的值来填补缺失。sklearn 模块中的 sklearn. impute. SimpleImputer 方法即可实现缺失特征值的填补。

示例 10. 3. 1_SimpleImputerExample. py 展示了不同的缺失值填补方法。

```
import numpy as np
from sklearn.preprocessing import Imputer
X = np.array([[3., -1.,5.],
              [-1.,3.,6.],
              [6.,12.,2.],
              [3.,9.,6.]])
print("初始数据(-1 为缺失数据):")
print(X)

## 用均值填补缺失策略
imp1 = Imputer(missing_values = -1,strategy = "mean")
## missing_values 为代替缺失值,一般为 -1 或"NaN"
## strategy 为缺失值的填补策略:
##"mean":均值;"median":中位值;"most_frequent":出现次数最多的值
print("用均值填补缺失:")
print(imp1.fit_transform(X))

## 用中位数填补缺失策略
imp2 = Imputer(missing_values = -1,strategy = "median")
print("用中位数填补缺失:")
print(imp2.fit_transform(X))

## 用出现次数最多的值填补缺失策略
imp3 = Imputer(missing_values = -1,strategy = "most_frequent")
print("用出现次数最多的值填补缺失:")
print(imp3.fit_transform(X))
```

运行结果如下：

```
初始数据(-1为缺失数据):
[[ 3. -1.  5.]
 [-1.  3.  6.]
 [ 6. 12.  2.]
 [ 3.  9.  6.]]
用均值填补缺失:
[[ 3.  8.  5.]
 [ 4.  3.  6.]
 [ 6. 12.  2.]
 [ 3.  9.  6.]]
用中位数填补缺失:
[[ 3.  9.  5.]
 [ 3.  3.  6.]
 [ 6. 12.  2.]
 [ 3.  9.  6.]]
用出现次数最多的值填补缺失:
[[ 3.  3.  5.]
 [ 3.  3.  6.]
 [ 6. 12.  2.]
 [ 3.  9.  6.]]
```

使用均值填补缺失策略时，缺失值采用该样本空间的对应特征(对应列)中除缺失值的均值来填补，如该例中第0个样本(第0行数据)中下标为1的特征值－1被填补值：(3＋12＋9)/3＝8。

使用中位数填补缺失策略时，缺失值采用该样本空间的对应特征(对应列)中除缺失值的中位数来填补，如该例中第0个样本(第0行数据)中下标为1的特征值－1被填补值：[3,12,9]中的中位数9。

使用出现次数最多的值填补缺失策略时，缺失值采用该样本空间的对应特征(对应列)中除缺失值出现次数最多的值来填补，如该例中第0个样本(第0行数据)中下标为1的特征值－1，该样本空间除缺失值的特征值有[3,12,9]，每个值出现次数都是1，所以填补第一个值3，若除缺失值的特征值有[3,12,9,12]，则应填补出现次数最多的12。

10.3.2 归一化及标准化

大多训练模型在训练前都需对样本的特征值进行归一化或标准化处理。处理后的特征值不仅保留了原有特性(譬如各样本该特征值的大小关系)，同时避免了训练时部分特征值差异较大而导致偏差。

概率模型(如决策树、随机森林等)不需要对特征值进行归一化或标准化处理，因为概率模型关注的是这些特征值的分布及在此基础上获得的条件概率等，而与特征值的实际大小无关。

1. 归一化

归一化是根据该样本空间中对应特征值的最大值与最小值进行计算，将特征值缩放至[0,1]的范围，具体公式如下：

$$x_{i\_new}=\frac{x_i-x_{min}}{x_{max}-x_{min}}$$

示例 10.3.2_MinMaxScalerExample.py 展示了特征值归一化处理方法。

```
import numpy as np
from sklearn.preprocessing import MinMaxScaler
X = np.array([[3.,100.,5.],
              [2.,300.,6.],
              [6.,120.,2.],
              [3.,90.,6.]])
print("初始数据:")
print(X)

##归一化处理
mmsX = MinMaxScaler().fit_transform(X)
print("归一化后的数据")
print(mmsX)
```

运行结果如下：

```
初始数据:
[[  3. 100.   5.]
 [  2. 300.   6.]
 [  6. 120.   2.]
 [  3.  90.   6.]]
归一化后的数据
[[0.25       0.04761905 0.75      ]
 [0.         1.         1.        ]
 [1.         0.14285714 0.        ]
 [0.25       0.         1.        ]]
```

2. 标准化

标准化是根据该样本空间中对应特征值的均值与标准差进行计算，将特征值变换为标准正态分布，使得特征值的均值为 0，方差为 1。具体公式如下：

$$x_{i\_new}=\frac{x_i-\mu}{\sigma}$$

其中 μ 为该特征值的均值，σ 为该特征值的标准差。

示例 10.3.3_StandardScalerExample.py 展示了特征值标准化处理方法：

```
import numpy as np
from sklearn.preprocessing import StandardScaler
X = np.array([[3.,100.,5.],
              [2.,300.,6.],
              [6.,120.,2.],
              [3.,90.,6.]])
print("初始数据:")
print(X)
##标准化处理
stdsX = StandardScaler().fit_transform(X)
print("标准化后的数据")
print(stdsX)

##获取均值和标准差
print("均值:",stdsX.mean(axis = 0))  ## axis = 0 按列求均值,axis = 1 按行求均值
print("标准差:",stdsX.std(axis = 0))
```

运行结果如下：

```
初始数据:
[[  3. 100.   5.]
 [  2. 300.   6.]
 [  6. 120.   2.]
 [  3.  90.   6.]]
标准化后的数据
[[-0.33333333 -0.61159284  0.15249857]
 [-1.          1.71828464  0.76249285]
 [ 1.66666667 -0.37860509 -1.67748427]
 [-0.33333333 -0.72808671  0.76249285]]
均值: [4.16333634e-17 2.77555756e-17 0.00000000e+00]
标准差: [1. 1. 1.]
```

由运行结果可以看出，通过标准化处理后，样本空间的每个特征值(每列数值)都转化为均值为近似 0，标准差为 1 的数值了。

10.3.3　one-hot 编码及二值化处理

对于分类型特征值常常需要进行 one-hot 编码。例如：现有样本空间中，特征“学历”的取值有['大学','中学','小学','研究生']，而此特征属于类别特征，因此需对其进行 one-hot 编码。

示例 10.3.4_OneHotExample.py 即展示了 one-hot 编码的方法：

```
import numpy as np
from sklearn.preprocessing import OneHotEncoder
X = np.array([[30,"小学",5000],
             [26,"中学",4800],
             [39,"研究生",18000],
             [43,"小学",8000],
             [26,"研究生",11000],
             [25,"大学",8000],
             [46,"大学",20000]])
print("初始数据:")
print(X)

##将文本标识的分类特征值替换为数值标记
edulist = list(set(X[:,1]))              ##获取该特征所有可能值
print("学历特征值的可能取值:",edulist)
for i in range(len(X)):
    X[i][1] = edulist.index(X[i][1])
X = X.astype(np.int32)
print("学历特征值替换为数值标记:")
print(X)

##进行 One-Hot 编码
ohenc = OneHotEncoder()
ohenc.fit(np.arange(len(edulist))[:,np.newaxis])
edunarray = ohenc.transform(X[:,1:2]).toarray().astype(np.int32)
print("学历特征值的 One-Hot 编码:")
print(edunarray)

##删除原特征列,增加 One-Hot 编码的特征列
X = np.c_[np.delete(X,1,axis = 1),edunarray]
print("One-Hot 编码后的样本空间:")
print(X)
```

运行结果如下：

```
初始数据:
[['30' '小学' '5000']
['26' '中学' '4800']
['39' '研究生' '18000']
['43' '小学' '8000']
```

```
['26' '研究生' '11000']
['25' '大学' '8000']
['46' '大学' '20000']]
学历特征值的可能取值:['大学','中学','小学','研究生']
学历特征值替换为数值标记:
[[   30     2  5000]
 [   26     1  4800] [   39     3 18000]
 [   43     2  8000]
 [   26     3 11000]
 [   25     0  8000]
 [   46     0 20000]]
学历特征值的 One-Hot 编码:
[[0 0 1 0]
 [0 1 0 0]
 [0 0 0 1]
 [0 0 1 0]
 [0 0 0 1]
 [1 0 0 0]
 [1 0 0 0]]
One-Hot 编码后的样本空间:
[[   30  5000     0     0     1     0]
 [   26  4800     0     1     0     0]
 [   39 18000     0     0     0     1]
 [   43  8000     0     0     1     0]
 [   26 11000     0     0     0     1]
 [   25  8000     1     0     0     0]
 [   46 20000     1     0     0     0]]
```

由于 sklearn. preprocessing 提供的 OneHotEncoder 方法不能对字符串类型数据进行处理,因此通常先要对分类字符串特征值进行数值化,可以使用该例中的"##将文本标识的分类特征值替换为数值标记"段代码的方法,也可通过 sklearn. preprocessing. LabelEncoder 方法进行替换。

由该例运行结果中"学历特征值替换为数值标记:"之后的数据内容可以看出,下标为 1 的学历特征已被替换为数值:0——'大学',1——'中学',2——'小学',3——'研究生'。再经过 one-hot 编码后,该学历特征被转化为 4 列特征:分别是'大学','中学','小学','研究生'。例如,学历特征为'小学'的样本,其对应的该 4 列特征值分别为 0 0 1 0。

若有连续型特征,其值本身并无实质意义,关注点为该值是否高于定值,即该特征实为分类型特征,此时需进行二值化处理。sklearn. preprocessing 中提供了 Binarizer 方法对数据进行二值化处理。

数据预处理后即选择适合的算法模型进行训练和预测评估，再通过调参等操作不断重复训练—评估—调参的过程，训练出好的模型。若进行后续模型训练并预测评估结果始终不理想，此时需考虑算法模型选择是否合适，以及是否需要对数据作其他方式的变换。

10.4　模型的选择及训练

sklearn 模块提供了很多算法模型，常用模型有：

线性模型（linear _ model 模块）：LinearRegression、Ridge、Lasso、LassoLars、BayesianRidge、LogisticRegression、SGDRegressor、SGDClassifier 等等；

支持向量机（svm 模块）：SVC、LinearSVC、SVR 等等；

近邻（neighbors 模块）：NearestNeighbors、KNeighborsClassifier、KNeighborsRegressor、RadiusNeighborsRegressor 等等；

决策树（tree 模块）：DecisionTreeClassifier、DecisionTreeRegressor 等等；

ensemble 模块：随机森林（RandomForestClassifier、RandomForestRegressor）、自适应增强 AdaBoost（AdaBoostClassifier、AdaBoostRegressor）、梯度提升 GradientBoosting（GradientBoostingClassifier、GradientBoostingRegressor）等等；

神经网络（neural_network 模块）：MLPClassifier、MLPRegressor 等等。

这只是列出了 sklearn 中提供的一部分常用的算法模型。在实际运用中，如何选择恰当的算法模型，sklearn 官网给出了算法向导，如图 10.5 所示，高清大图请参看 https://scikit-learn.org/stable/tutorial/machine_learning_map/。

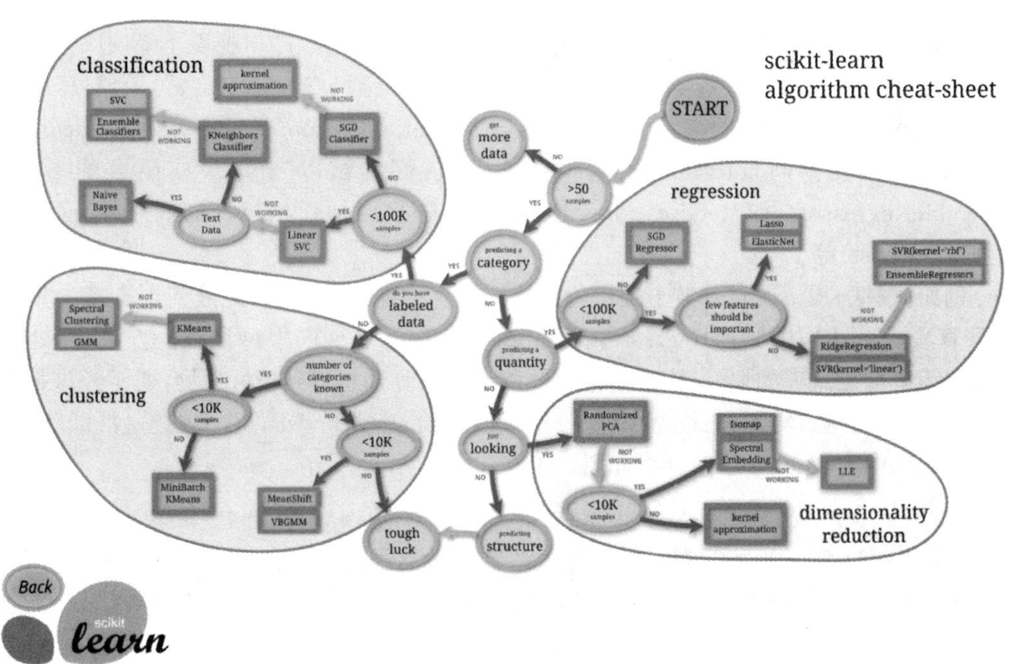

图 10.5　sklearn 算法模型向导

该向导图分别指示了常用的回归(regression)问题、分类(classification)问题、聚类(clustering)问题以及降维(dimensionality reduction)问题的算法模型选择方案。本小节主要针对常见的回归问题及分类问题作介绍。

10.4.1 回归 regression

期望通过对带标记样本集的训练获得对应模型,从而对数值进行预测,即属于回归问题。例如波士顿房价预测、糖尿病发展指数预测等。

回归算法模型的选择方法可参见图 10.6 所示的回归算法模型向导。

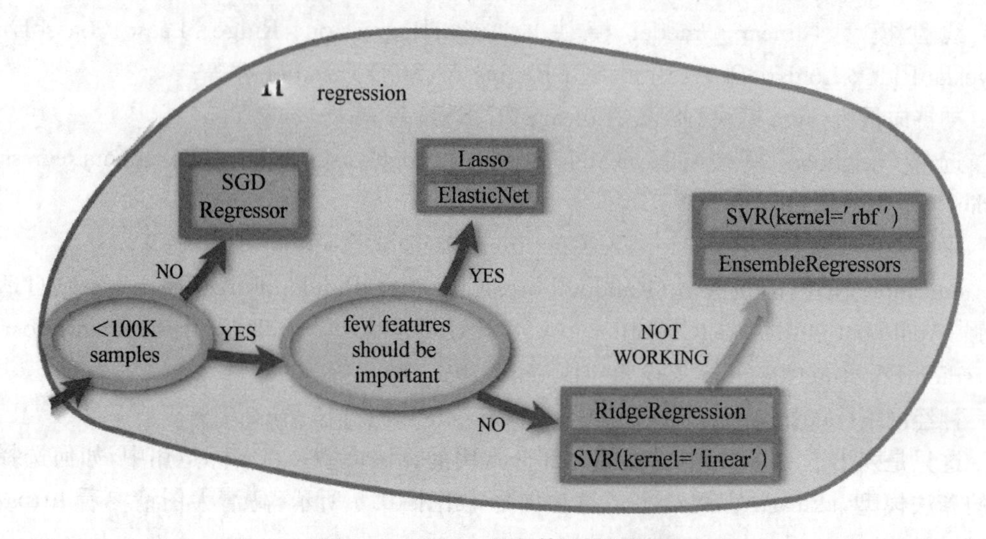

图 10.6 sklearn 回归算法模型向导

通常样本数非常多,超过 100K 时,常选用 SGD Regressor(随机梯度下降回归);样本数小于 100K 时,若仅有少量重要特征,则常常选用 Lasso(通过构造一个惩罚函数,压缩回归系数)或 ElasticNet(弹性网络),否则尝试选用 RidgeRegression(岭回归)或以"linear"为核函数的 SVR(支持向量回归),若这些算法无效,则尝试以"rbf"为核函数的 SVR 或 EnsembleRegressors,如 RandomForestRegressor(随机森林)、AdaBoostRegressor(自适应增强 AdaBoost)等。

例如:根据 sklearn 自带波士顿房价数据集训练模型预测房价(此处使用支持向量回归 SVR 算法)。示例 10.4.1_RegressionExample. py 演示了回归模型训练的方法,此处暂未涉及训练集与测试集的划分、模型的评分及调参。实际期望得到较好模型,通常经过数据预处理、训练集与测试集划分、模型训练、模型预测评价、若评价不满意,则调整、再训练、再评价……详细内容在 10.5 小节详细介绍。

示例 10.4.1_RegressionExample. py:

```
##此例仅演示回归模型训练,后续涉及训练集测试集划分、模型评价及调整
from sklearn.datasets import load_boston
from sklearn.svm import SVR
BostonData = load_boston()                    ##加载波士顿房价数据集
```

```
BostonX = BostonData.data ##获取样本空间
Bostony = BostonData.target ##获取样本标签
model = SVR(kernel = "linear") ##设定算法模型
model.fit(BostonX,Bostony) ##模型训练
```

10.4.2　分类 classification

期望通过对带标记样本集的训练获得对应模型，从而对新的信息进行类别预测，即属于分类问题。例如鸢尾花分类、乳腺癌分类、手写数字识别等。

分类算法模型的选择方法可参见图 10.7 所示的分类算法模型向导。

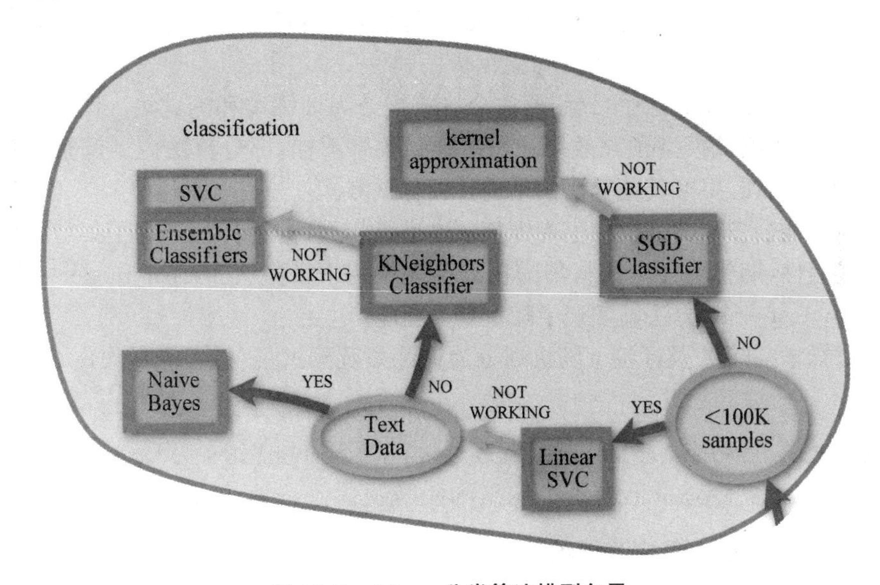

图 10.7　sklearn 分类算法模型向导

通常样本数非常多，超过 100K 时，常选用 SGD Classifier(随机梯度下降分类器)，若算法无效，则尝试 SVM 算法中的核接近算法；样本数小于 100K 时，可以先尝试 Linear SVC(线性核支持向量分类器)，若仍无效且非文本数据，则可尝试 KNN(k 近邻算法)，若继续无效，则可尝试其他核 SVC 或 Ensemble Classifiers，如 RandomForestClassifier(随机森林分类器)、AdaBoostClassifier(自适应增强分类器)、GradientBoostingClassifier(梯度提升分类器)等。若需处理文本数据，可以尝试 Naive Bayes(朴素贝叶斯模型)。

例如：根据 sklearn 自带鸢尾花数据集训练模型预测分类(此处使用 K 近邻 KNN 算法)。示例 10.4.2_ClassifierExample.py 演示了分类模型训练的方法，此处同样暂未涉及训练集与测试集的划分、模型的评价及调整，相关评价等内容请参看 10.5 小节的内容。

示例 10.4.2_ClassifierExample.py：

```
##此例仅演示分类模型训练，后续涉及训练集测试集划分、模型评价及调整
from sklearn.datasets import load_iris
from sklearn.neighbors import KNeighborsClassifier
IrisData = load_iris()                              ##加载鸢尾花数据集
```

```
IrisX,Irisy = IrisData.data,IrisData.target ##获取样本空间及标签
model = KNeighborsClassifier() ##设定算法模型
model.fit(IrisX,Irisy) ##模型训练
```

10.5 模型评估

10.5.1 训练集与测试集划分

常见的监督算法，即根据带标签数据训练模型，以供数据集之外的信息进行预测。期望训练出来的模型具有泛化能力，即训练出来的模型能够很好地应用于样本空间之外的信息预测。

为了尽可能好地完成这个目标，通常会将数据分为训练集和测试集。训练集用来训练模型，测试集用于测试模型预测效果。如果预测效果不佳，部分算法模型调整参数重新训练，若仍然预测不佳，更换其他算法模型进行训练预测。

原样本可能会按照特征值顺序或标签顺序进行排列，为了保证训练子集与测试子集的样本具有代表性，期望将样本数据集随机划分为这两个子集。sklearn.model_selection 模块中的 train_test_split 方法即实现了随机划分功能。

例如将样本空间 X 及标签 y 随机划分为训练集及测试集，并且测试集占 20%，则所需语句如下：

```
from sklearn.model_selection import train_test_split
trainX,testX,trainy,testy = train_test_split(X,y,test_size = 0.2)
```

其中，trainX、trainy 分别为训练集的样本空间、标签；testX、testy 分别为测试集的样本空间、标签；test_size 为测试集占比。

10.5.2 模型评估

本小节主要介绍三种评估方法，并举例介绍评估的应用。

1. *score 方法评估*

score 方法是使用对应算法模型默认的评估方法来进行评估。

例如，支持向量回归 SVR 的默认评估公式为：

$$1-\frac{\sum(y_{实际值}-y_{预测值})^2}{\sum(y_{实际值}-y_{实际值})^2}$$

而 K 近邻分类算法 KNeighborsClassifier 的默认评估则是返回测试数据集中的样本与标签的平均准确度。

示例 10.5.1_RegressionExample 即为示例 10.4.1_RegressionExample.py 的扩展，展示了数据的预处理、训练集与测试集划分、模型训练、模型评估的过程：

```
from sklearn.datasets import load_boston
from sklearn.model_selection import train_test_split
from sklearn.preprocessing import StandardScaler
from sklearn.svm import SVR
BostonData = load_boston()                    ##加载波士顿房价数据集
BostonX = BostonData.data                             ##获取样本空间
Bostony = BostonData.target                           ##获取样本标签
X_train,X_test,y_train,y_test = train_test_split(BostonX,Bostony,test_size = 0.2)
##划分训练集与测试集,测试集占比20%
SScaler = StandardScaler()                            ##标准化
SScaler.fit(X_train)                                  ##获取训练集的均值和标准差
X_train_std = SScaler.transform(X_train)              ##对训练集数据进行标准化
X_test_std = SScaler.transform(X_test)                ##对测试集数据进行标准化
model = SVR(kernel = "linear")                        ##设定算法模型
model.fit(X_train_std,y_train)                        ##模型训练
print(model.score(X_test_std,y_test))                 ##用默认方法评估
```

用 score 方法进行评估，会受训练集与测试集划分的影响，为了尽量降低此影响，可以采用交叉验证评估。

2. 交叉验证评估

交叉验证评估是将数据集分成 n 个子集，分别将其中的一个子集作为测试集，其余作为训练集去训练评分。sklearn.model_selection 模块中的 cross_val_score 即为交叉验证评估方法。其中的 scoring 参数可以指定交叉验证时使用的评价方法，默认为 None，表示采用对应算法的默认评估方法进行交叉验证。而另一个重要的参数 cv，指定划分的子集数，若评估的是分类模型，通常采用 StratifiedKFold 划分方法，否则采用 KFold 划分方法。

注：StratifiedKFold 划分方法与 KFold 划分方法的不同在于，StratifiedKFold 划分方法保持每个子集中的各类标签的样本比例与总数据集的对应标签样本比例相同。

示例 10.5.2_ClassifierExample.py 即为示例 10.4.2_ClassifierExample.py 的扩展，展示了模型交叉验证评估的过程：

```
from sklearn.datasets import load_iris
from sklearn.neighbors import KNeighborsClassifier
from sklearn.model_selection import cross_val_score
IrisData = load_iris()                                ##加载鸢尾花数据集
IrisX,Irisy = IrisData.data,IrisData.target           ##获取样本空间及标签
model = KNeighborsClassifier()                        ##设定算法模型
print(cross_val_score(model,IrisX,Irisy,cv = 5))
##打印交叉验证评分,cv = 5 表示 5 折交叉验证
```

运行结果如下：

```
[0.96666667 1.         0.93333333 0.96666667 1.        ]
```

运行结果指出这 5 折交叉验证得到的评分分别是 0.96666667，1，0.93333333，0.96666667，1。在实际运用中，通常打印出这些评分的均值，即将代码中的

```
print(cross_val_score(model,IrisX,Irisy,cv=5))
```

替换为

```
print(cross_val_score(model,IrisX,Irisy,cv=5).mean())
```

3. metrics 函数评估

sklearn.metrics 模块提供了很多评估的方法。例如适合评价分类模型优劣的准确率、精确率、召回率、f1_score、AUC(ROC 曲线线下面积)等等；适合评价回归模型优劣的 RMSE、均方差、r2_score 等等。

4. 评估的应用

示例 10.5.3_RegressionExample.py 通过评估对不同算法模型进行比较：

```
from sklearn.datasets import load_boston
from sklearn.model_selection import train_test_split
from sklearn.preprocessing import StandardScaler
from sklearn.svm import SVR
from sklearn.neighbors import KNeighborsRegressor
BostonData = load_boston()                    ##加载波士顿房价数据集
BostonX = BostonData.data                     ##获取样本空间
Bostony = BostonData.target                   ##获取样本标签
X_train,X_test,y_train,y_test = train_test_split(BostonX,Bostony,test_size=0.2)
##划分训练集与测试集，测试集占比 20%
SScaler = StandardScaler()                    ##标准化
SScaler.fit(X_train)                          ##获取训练集的均值和标准差
X_train_std = SScaler.transform(X_train)      ##对训练集数据进行标准化
X_test_std = SScaler.transform(X_test)        ##对测试集数据进行标准化
model = SVR(kernel = "linear")                ##设定算法模型 SVR
model.fit(X_train_std,y_train)                ##模型训练
print("SVR:",model.score(X_test_std,y_test))  ##用默认方法评估
for i in range(1,16):
    model = KNeighborsRegressor(n_neighbors = i)
    ##设定算法模型 KNeighborsRegressor
    model.fit(X_train_std,y_train)            ##模型训练
    print("KNeighborsRegressor(%d):" % i,model.score(X_test_std,y_test))
##用默认方法评估
```

运行结果如下：

```
SVR：0.7339657317356085
KNeighborsRegressor(1)：0.7765278098088535
KNeighborsRegressor(2)：0.8462696917406612
KNeighborsRegressor(3)：0.8429945928966484
KNeighborsRegressor(4)：0.817483944244589
KNeighborsRegressor(5)：0.7923333173590805
KNeighborsRegressor(6)：0.7639580907137946
KNeighborsRegressor(7)：0.7564670284695617
KNeighborsRegressor(8)：0.7498261001082503
KNeighborsRegressor(9)：0.7320379350080878
KNeighborsRegressor(10)：0.7438305964556444
KNeighborsRegressor(11)：0.7607281297945434
KNeighborsRegressor(12)：0.7454074071281466
KNeighborsRegressor(13)：0.7303043645663285
KNeighborsRegressor(14)：0.7307848245335393
KNeighborsRegressor(15)：0.7140476171453469
```

从运行结果来看，n_neighbors 为 2 的 KNeighborsRegressor 算法模型效果最好。

10.6 模型保存及使用

将模型训练好后存储起来，以便用于之后的预测。pickle 模块以及 sklearn 模块中的 joblib 均提供了对模型进行存储与加载的使用方法。

10.6.1 pickle 方式

pickle 模块可以将训练好的模型序列化为字符串，或序列化存入文件，也提供了从字符串或文件中加载模型的方法。主要方法有：

```
pickle.dump(obj, file)          ##将 obj 模型存入 file 文件中
pickle.load(file)               ##从 file 文件中加载模型
pickle.dump(obj)                ##将 obj 模型序列化为字符串
pickle.loads(strdata)           ##从字符串中加载模型
```

示例 10.6.1_PickleDumpExample.py 将训练好的模型保存至 iris_svc 文件中：

```
from sklearn.datasets import load_iris
from sklearn.model_selection import train_test_split
from sklearn import svm
import pickle
IrisData = load_iris()
```

```
IrisDataX = IrisData.data
IrisDatay = IrisData.target
trainX,testX,trainy,testy = train_test_split(IrisDataX,IrisDatay,test_size = 0.2)
model = svm.SVC()
model.fit(trainX,trainy)
with open("iris_svc","wb") as f:
    pickle.dump(model,f)
```

示例 10.6.2_PickleLoadExample.py 从 iris_svc 文件加载模型并预测：

```
from sklearn.datasets import load_iris
import pickle
IrisData = load_iris()
IrisDataX,IrisDatay = IrisData.data,IrisData.target
with open("iris_svc","rb") as f:
    loadmodel = pickle.load(f)                    ##加载模型至 loadmodel
predicty = loadmodel.predict(IrisDataX[::20])  ##用 loadmodel 模型进行预测
for i in range(predicty.shape[0]):
    print("样本 %d:模型预测值为 %d,实际标签值为 %d" %
          (i * 20,predicty[i],IrisDatay[i * 20]))
```

运行结果如下：

```
样本 0:模型预测值为 0,实际标签值为 0
样本 20:模型预测值为 0,实际标签值为 0
样本 40:模型预测值为 0,实际标签值为 0
样本 60:模型预测值为 1,实际标签值为 1
样本 80:模型预测值为 1,实际标签值为 1
样本 100:模型预测值为 2,实际标签值为 2
样本 120:模型预测值为 2,实际标签值为 2
样本 140:模型预测值为 2,实际标签值为 2
```

10.6.2 joblib 方式

sklearn.externals 中的 joblib 也可以将模型保存至文件及从文件中加载模型。主要方法有：

```
joblib.dump(obj, file)       ##将 obj 模型存入 file 文件中
joblib.load(file)            ##从 file 文件中加载模型
```

示例 10.6.3_JoblibDumpExample.py 将训练好的模型保存至 iris_svc_joblib 文件中：

```
from sklearn.datasets import load_iris
from sklearn.model_selection import train_test_split
from sklearn import svm
from sklearn.externals import joblib
IrisData = load_iris()
IrisDataX = IrisData.data
IrisDatay = IrisData.target
trainX,testX,trainy,testy = train_test_split(IrisDataX,IrisDatay,test_size = 0.2)
model = svm.SVC()
model.fit(trainX,trainy)
joblib.dump(model,"iris_svc_joblib")
```

示例 10.6.4_JoblibLoadExample.py 从 iris_svc_joblib 文件加载模型并预测：

```
from sklearn.datasets import load_iris
from sklearn.externals import joblib
IrisData = load_iris()
IrisDataX,IrisDatay = IrisData.data,IrisData.target
loadmodel = joblib.load("iris_svc_joblib")          ##加载模型至 loadmodel
predicty = loadmodel.predict(IrisDataX[::20])        ## 用 loadmodel 模型进
行预测
for i in range(predicty.shape[0]):
    print("样本 %d:模型预测值为 %d,实际标签值为 %d" %
          (i * 20,predicty[i],IrisDatay[i * 20]))
```

该段代码的运行结果与示例 10.6.2_PickleLoadExample.py 相同。

本章小结

本章节主要介绍了使用 sklearn 模块进行机器学习的一般步骤，并介绍了数据预处理、模型选择及训练、模型评估、模型保存及加载的方法。

数据预处理小节介绍了数据集中数据缺失值的填补方法、数据归一化方法、数据标准化方法及 one-hot 编码方法等。

模型选择与训练小节分别介绍了回归常用算法模型及分类常用算法模型。

模型评估小节主要介绍了模型评估的方法及评估的应用。

模型保存及使用小节介绍了 pickle 及 joblib 两种方式的模型保存及模型加载方法。

习　题

编程题

1. 生成含有 1000 个样本，两个特征的回归模型数据集；

2. 对第1题中生成的样本空间数据进行标准化处理；

3. 使用 LinearRegression 算法模型对第2题标准化后的样本空间及对应的标签数据进行训练，获得该回归预测模型；

4. 生成含有500个样本，两个特征的单标签分类模型数据集；

5. 使用 RandomForestRegressor 算法模型对第4题生成的数据集进行训练，获得对应的类别预测模型；

6. 生成含有1000个样本，三个特征，三个簇(三个簇的标准差依次为0.2,0.7,0.4)的聚类模型数据集并用 matplotlib 模块绘制出数据的分布。

【微信扫码】
源代码 & 相关资源

参考文献

[1] https://www.sklearn.org/index.html

[2] 周志华. 机器学习[M]. 北京:清华大学出版社,2016.

[3] Mark Lutz. Python 编程[M]. 北京:中国电力出版社,2015.

[4] Guido van Rossum, Fred L. Drake Jr. Python Language Reference Manual[M]. The UK:Network Theory,2011.